目で見る SDGs時代の環境問題

ジェス・フレンチ──著　大塚道子──訳

さ・え・ら書房

DK | Penguin Random House

Japanese translation rights arranged with
Dorling Kindersley Limited, London
through FORTUNA Co., Ltd. Tokyo

For sale in Japanese territory only

Printed and bound in China

For the curious
www.dk.com

目で見るSDGs時代の環境問題

2020年 3月　第 1 刷発行　　2021年10月　第3刷発行
著者／ジェス・フレンチ
訳者／大塚 道子
発行者／佐藤 洋司
発行所／さ・え・ら書房
東京都新宿区市谷砂土原町３－１　〒162-0842
Tel.03-3268-4261 Fax.03-3268-4262

©Michiko Otsuka　　ISBN978-4-378-04149-0 NDC519
https://www.saela.co.jp/

もくじ

地球はゴミにおぼれそう。でも
いま行動すれば、まだ助けることができる。

はじめに

いま、ＳＤＧｓ《エス・ディー・ジーズ》時代をむかえています。

2030年までに世界を変えるための17の目標――ＳＤＧｓ《エス・ディー・ジーズ》（Sustainable Development Goals、持続可能《じぞくかのう》な開発目標）の取り組みが、2016年からはじまりました。

この本は、いま、世界がかかえている環境問題《かんきょうもんだい》を取り上げています。ＳＤＧｓ《エス・ディー・ジーズ》の目標でいうと、次の４つをテーマにしています。

目標７　エネルギーをみんなに、そしてクリーンに

目標13　気候変動に具体的な対策《たいさく》を

目標14　海の豊《ゆた》かさを守ろう

目標15　陸の豊《ゆた》かさも守ろう

でも、じつは、この本に出てくる環境問題《かんきょうもんだい》は、すべてのＳＤＧｓ《エス・ディー・ジーズ》の目標と関係しています。たとえば、目標２の「飢《う》え」をなくすためには食料が必要で、豊《ゆた》かな食料を手に入れるためには気候変動をおさえないといけません。また、海と陸の環境《かんきょう》を守ることも必要です。目標11の「住みつづけられる町」をつくるためには、ゴミの問題をさけてとおれません。環境問題《かんきょうもんだい》はＳＤＧｓ《エス・ディー・ジーズ》の目標になっているだけでなく、解決《かいけつ》の方法や手段《しゅだん》にもなっているのです。

人類はいま、かつてないほど大量のゴミを出し、地球を苦しめています。

もしみなさんが、ゴミが地球にどのような影響《えいきょう》をあたえているかに気づいたら、いまの流れを変え、この地球を、もっと住みやすく、きれいな場所にできると信じています。環《かん》境問題《きょうもんだい》のことを知り、身のまわりの問題に取り組むことは、ＳＤＧｓ《エス・ディー・ジーズ》への取り組みの第一歩になります。環境問題《かんきょうもんだい》の多くは、小さな努力の積み重ねで、解決《かいけつ》することができます。世界を変えるために、まずは自分のできることからはじめてみませんか？

Jess French

ゴミの問題

わたしたち人間のゴミを運ぶため、きょうも世界じゅうの街《まち》をゴミ収集車《しゅうしゅうしゃ》が走っている。ゴミの量《りょう》は、先進国ほど多いという。

新しくゴミの埋立処分場《うめたてしょぶんじょう》を作ると、動物のすみかがこわされ、ゴミを燃《も》やせば、大気が汚染《おせん》される。

使《つか》い捨《す》て社会

プラスチック製《せい》のコップ、スプーン、ストロー、持ち帰り食品の容器《ようき》など、多くの商品は、一度使ったら捨《す》てられる。使い終わったあと、これらのものはどこへ行くのだろう？

人間がいまのくらしを改めないと、30 年後には、ゴミの量《りょう》はいまより **70%** も増《ふ》えてしまう。

捨《す》てたものは、みんなゴミになる。

人間の活動はすべて、なんらかのゴミを生み出す。それは、わたしたちの生活の一部なのだ。でも、少しでもゴミを減《へ》らすように、考えるときがきているのではないだろうか？

ゴミは、世界じゅうの動物をこまらせている。ペットや野生動物は、プラスチックのゴミにからまったり、エサとまちがえて食べてしまったりするからだ。一番危険《きけん》にさらされているのは、海の生き物だ。

「埋立処分場《うめたてしょぶんじょう》」とよばれる巨大《きょだい》なゴミ捨《す》て場は、病気を運ぶネズミを引きつけるだけでなく、地球を温暖化《おんだんか》するガスや、海や川を汚染《おせん》する液体《えきたい》も排出《はいしゅつ》する。

プラスチックは、驚《おどろ》くべき素材《そざい》だ。水を通さず、じょうぶで長持ちする。でもそのせいで、なかなか消えてなくならない。

多くのプラスチックは、リサイクルできず、捨《す》てられても腐《くさ》ることがない。

公害《こうがい》

公害《こうがい》とは、有害《ゆうがい》な物質《ぶっしつ》が環境《かんきょう》に入りこみ、動植物や人間に害《がい》をあたえることだ。

それは思いがけないところからやってくる。水に浮《う》かぶ油のように、見ればすぐにわかる公害《こうがい》もあるが、まったく目に見えないタイプの公害《こうがい》もある。

穀物《こくもつ》に散布《さんぷ》される農薬

土壌汚染《どじょうおせん》

工場などで使った有害な化学物質《ぶっしつ》や重金属《じゅうきんぞく》をふくむ排水《はいすい》などが地表面からしみこんで、土壌《どじょう》にたまった状態《じょうたい》が土壌汚染《どじょうおせん》だ。土壌汚染《どじょうおせん》は、地下水を伝わって広がることもある。農地で使われる除草剤《じょそうざい》や殺虫《さっちゅう》剤《ざい》などの農薬は、土壌汚染《どじょうおせん》が起きないよう、種類、量、回数などが法律《ほうりつ》によってきびしく定められている。

海洋汚染《かいようおせん》

海洋汚染《かいようおせん》のおもな原因《げんいん》は油だ。油は、船のエンジンからもれたり、船やパイプラインの事故《じこ》によって、海に流れ出したりする。これが海の動物の毛皮や鳥の羽にこびりつくと、固《かた》まって水をはじかなくなる。こびりついた油を、舌《した》やくちばしで取りのぞこうとして、生物が有害物質《ゆうがいぶっしつ》を取りこんでしまうこともある。

大気汚染《たいきおせん》

自動車、工場、農場、ゴミ処分場《しょぶんじょう》などから、有毒《ゆうどく》ガスが排出《はいしゅつ》される。これらは、風に乗って何百キロも先まで広がって、わたしたちが呼吸《こきゅう》する大気を汚染《おせん》する。大気汚染物質《たいきおせんぶっしつ》は、人間の肺《はい》にとって有害《ゆうがい》で、ぜんそくなどの病気を引き起こす。

騒音《そうおん》

大きな音は、わたしたちにストレスをあたえ、病気の原因《げんいん》となる。ヨーロッパの人口の５人に１人は、夜間の騒音《そうおん》に悩《なや》み、睡眠不足《すいみんぶそく》で健康《けんこう》をそこないかねない。もっともひどい騒《そう》音源《おんげん》は、自動車や飛行機《ひこうき》だ。

アメリカで走っている
車の数は……
2億6900万台
25万羽
の鳥が、1989 年に起きた原油タンカー「エクソンバルディーズ号」の原油流出事故《じこ》で死んだ。

光害《ひかりがい》

都市部の夜空は、光で照《て》らされて明るくなっている。これは、生まれたばかりのウミガメにとっては、命取りになりかねない。海辺《うみべ》の街《まち》の灯《あか》りを水面にうつった月明りと間違《まちが》えて、海へ戻《もど》らず、陸《りく》のほうへ向かってしまうからだ。

世界の人口の92%は、汚染《おせん》された空気を吸《す》っている。

大気汚染《たいきおせん》

さまざまな公害《こうがい》のなかでも、もっとも危険《きけん》なのは大気汚染《たいきおせん》だ。世界では毎年、700 万人の人びとが、汚染《おせん》された空気を吸《す》って亡《な》くなっている。世界じゅうの都市は、新しい大気汚《たいきお》染対策《せんたいさく》に取り組んでいる。

電気自動車

電気自動車は、ガソリン車やディーゼル車とはちがって、有害《ゆうがい》ガスを出さない。ディーゼル車の燃料《ねんりょう》である軽油は、燃《も》えるときに窒素《ちっそ》酸化物《さんかぶつ》を出すため、その排気《はいき》ガスを吸《す》いこむのは危険《きけん》だ。

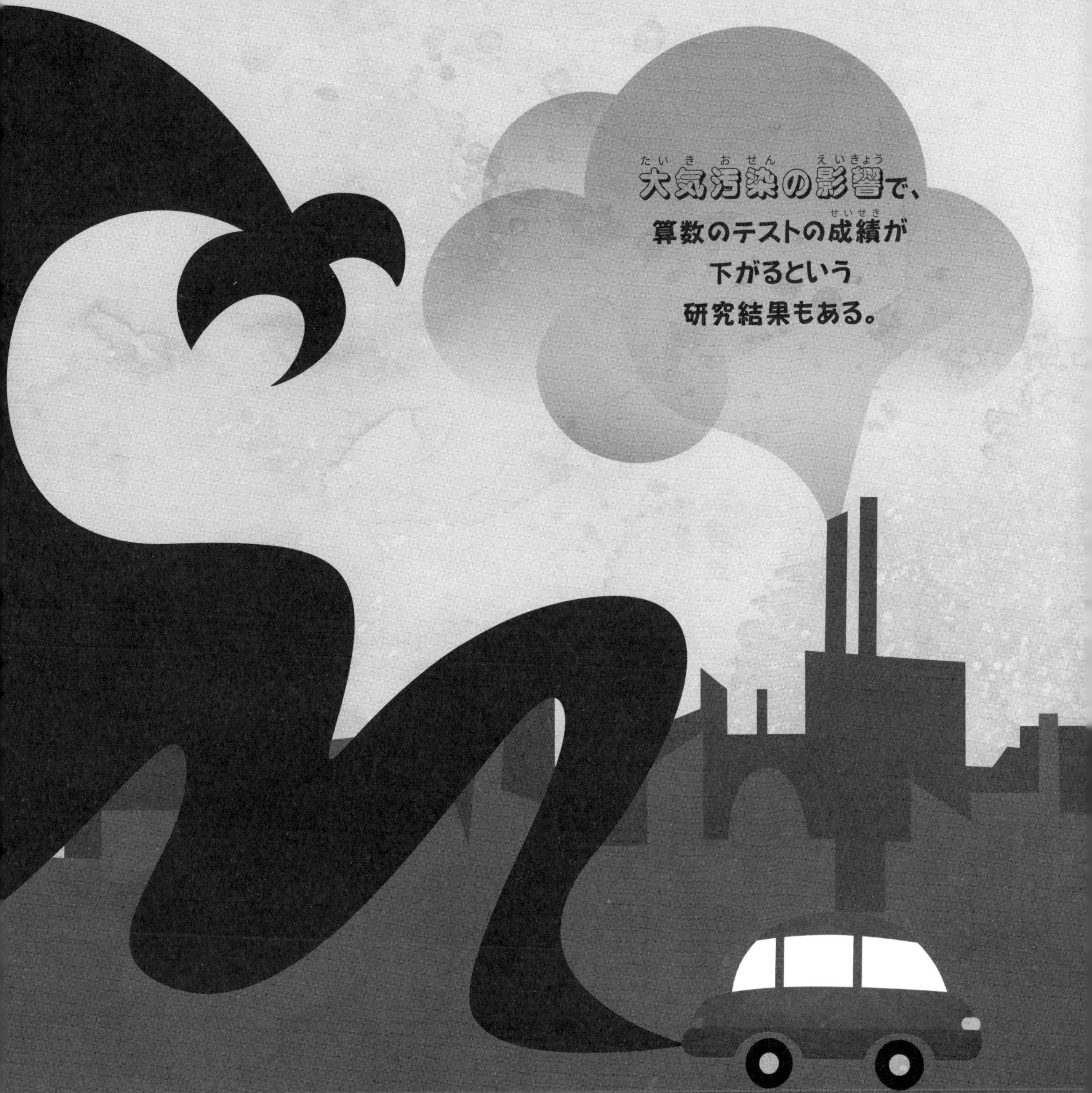
大気《たいき》汚染《おせん》の影響《えいきょう》で、
算数のテストの成績《せいせき》が
下がるという
研究結果もある。

緑の多い都市へ

都市に植物を植えると、空気をきれいにするのに役立つ。樹木《じゅもく》は、樹《じゅ》皮《ひ》や葉っぱで、汚染物《おせんぶっ》質《しつ》をとらえ、さまざまな有毒《ゆうどく》ガスを吸収《きゅうしゅう》する。

大気《たいき》汚染《おせん》警報《けいほう》

韓国《かんこく》のソウル市は、大気《たいき》汚染《おせん》濃度《のうど》が高いときに警報《けいほう》を出して、人びとに危険《きけん》を知らせている。これにより呼吸《こきゅう》器官《きかん》に障害《しょうがい》のある人は、外出をひかえることができる。

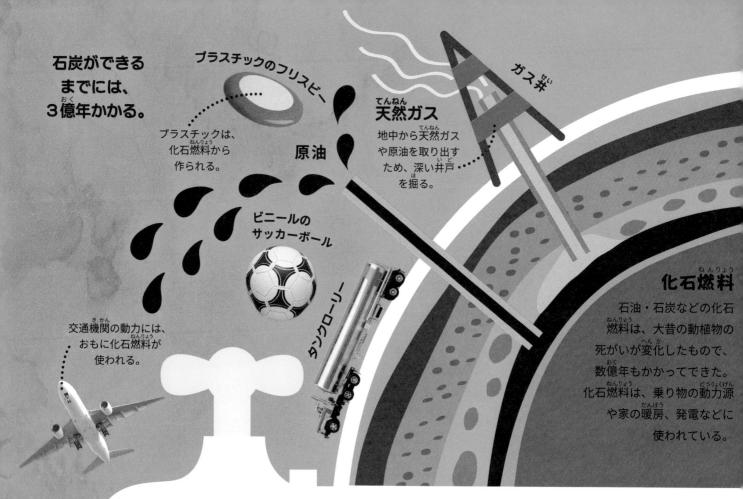

石炭ができるまでには、3億《おく》年かかる。

プラスチックは、化石燃料《ねんりょう》から作られる。

原油

天然《てんねん》ガス

地中から天然《てんねん》ガスや原油を取り出すため、深い井戸《いど》を掘《ほ》る。

ガス井《せい》

ビニールのサッカーボール

タンクローリー

交通機関《きかん》の動力には、おもに化石燃料《ねんりょう》が使われる。

化石燃料《ねんりょう》

石油・石炭などの化石燃料《ねんりょう》は、大昔の動植物の死がいが変化《へんか》したもので、数億《おく》年もかかってできた。化石燃料《ねんりょう》は、乗り物の動力源《どうりょくげん》や家の暖房《だんぼう》、発電などに使われている。

地球の

地球上には、真水《まみず》やひかり輝《かがや》く「金」など、役に立つ資源《しげん》がたくさんある。
これらは天然資源《てんねんしげん》とよばれ、あらゆるものに使われている。もはや、天然資源《てんねんしげん》のない世界を想《そう》像《ぞう》するのは難《むずか》しい。わたしたちは、この貴重《きちょう》な資源《しげん》を使い果《は》たさないよう、気をつける必要《ひつよう》がある。

水

地球上に存在《そんざい》する水の量《りょう》は、地球が誕生《たんじょう》したときからほとんど一定で、変わっていない！　残念《ざんねん》ながら、その水のほとんどは、利用することができない。97.5％は塩分《えんぶん》をたくさんふくむ海水だし、さらに人間が多くの水を汚染《おせん》してしまったからだ。

工場でさまざまな製品《せいひん》を作る過程《かてい》で、水が使われる。

海

地球上の水のうち、飲むことができるのは１％以下だ。

資源《しげん》

用材林《ようざいりん》(木材用の林)

木のテーブル

むかし、地球の陸地の 60% は森林におおわれていたが、いまでは 30% 以下に減《へ》っている。

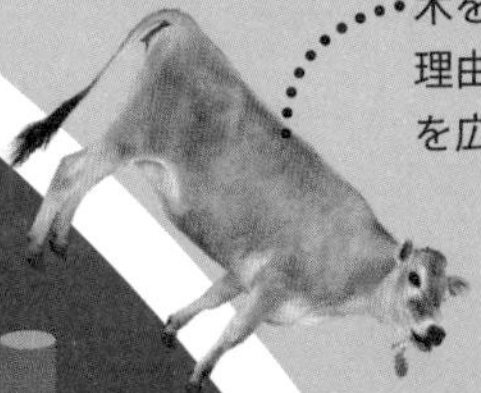

木を切り倒《たお》すおもな理由は、農地や牧場を広げるためだ。

木のいす

木材《もくざい》

木材は重要《じゅうよう》な資源《しげん》だ。家を建《た》てたり、家具を作ったりするのに使われるほか、燃料《ねんりょう》にもなる。また、本や雑誌《ざっし》、トイレットペーパーなど、紙の原料にもなる。

木のスプーン

トイレットペーパー

本

ドイツに本部のある森林管理協議《かんりきょうぎ》会《かい》(FSC) が認証《にんしょう》する紙は、植林の量《りょう》が伐採《ばっさい》を上回る森の木材から作られている。

鉱物《こうぶつ》

鉱物《こうぶつ》は、長い年月をかけて地中でできる。金や銀をはじめ、何千もの種類《しゅるい》がある。鉱物《こうぶつ》は貴重《きちょう》だが、掘《ほ》り出すときに環《かん》境《きょう》を破壊《はかい》することがある。一部の希少金属《きしょうきんぞく》は、残り少なくなってきている。

スズは、ほかの金属《きんぞく》のさびを防《ふせ》ぐために、表面をメッキするのに使われる。

アルミフレームの自転車

ボーキサイトは軽くてじょうぶな金属《きんぞく》、アルミニウムを作るのに使われる。

ノートパソコン

金鉱《きんこう》

タングステンは、融点《ゆうてん》が高いので、ロケットやノートパソコン、X 線装置《そうち》などに使われる。

金は、もっとも古くから採掘《さいくつ》されてきた鉱物《こうぶつ》のひとつだ。

石英《せきえい》は、ガラスの原料《げんりょう》になる。

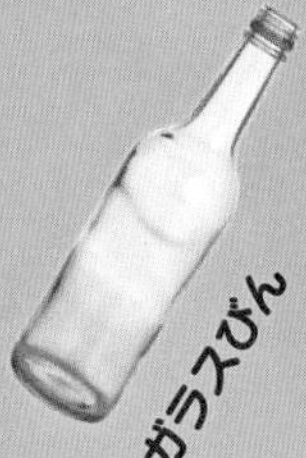
ガラスびん

タブレット端末《たんまつ》には、35種類《しゅるい》もの鉱物《こうぶつ》が使われている。

地球温《おん》暖《だん》化《か》

オゾン層《そう》は太陽からの紫外線《しがいせん》の９８％を吸収《きゅうしゅう》する。

温室効果《こうか》ガス

太陽エネルギーが地球の表面に届《とど》くと、一部は吸収《きゅうしゅう》されるが、多くは熱《ねつ》として反《はん》射《しゃ》され、宇宙《うちゅう》に向かって出ていく。温室効果《こうか》ガスは、地球をおおう毛布《もうふ》のような働《はたら》きをして、この反射《はんしゃ》された熱《ねつ》が大気圏《たいきけん》から出ていくのをさまたげる。だから温室効果《こうか》ガスが増《ふ》えると、地球は暖《あたた》かくなる。この気温の上昇《じょうしょう》を「地球温暖化《おんだんか》」と呼《よ》ぶ。

発電所

発電所は、石炭や天然《てんねん》ガスなどのエネルギーを使って電気を起こす。これらの燃料《ねんりょう》を燃《も》やしたとき、大量《たいりょう》の二酸化炭素《にさんかたんそ》が発生する。これは人間の活動から発生する温室効果《こうか》ガスのうち、もっとも一般的《いっぱんてき》なものだ。

オゾンは、３個《こ》の酸素《さんそ》原子からなる気体だ。オゾン層《そう》は、大気圏《たいきけん》の上の方にある。

樹木《じゅもく》は、温室効果《こうか》ガスを吸収《きゅうしゅう》する。木を切り倒《たお》すことは、世界一優《すぐ》れた空気清浄器《せいじょうき》を取り去るようなものだ。

交通機関《きかん》

ほとんどの乗用車、トラック、バス、飛行機《ひこうき》は、化石燃料《ねんりょう》を燃《も》やして動力源《どうりょくげん》にしているため、たくさんの温室効果《こうか》ガスを排出《はいしゅつ》する。

一頭の牛のげっぷから、毎年
１２０kg
の温室効果《こうか》ガス「メタン」が放出される。

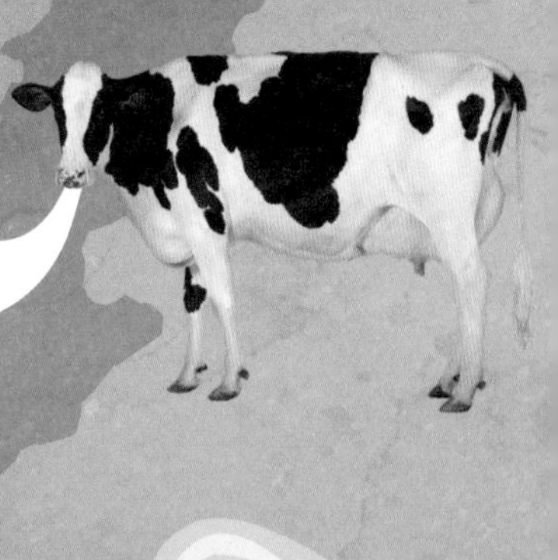

大気は、地球を取り巻《ま》いている気体の層《そう》で、わたしたちを太陽の熱《ねつ》から守っている。

地球を保温《ほおん》する気体を、温室効果《こうか》ガスという。自動車の排気《はいき》ガスや工場の煙《けむり》に含《ふく》まれる気体が、温室効果《こうか》ガスとなり、世界じゅうの気温を上昇《じょうしょう》させている。

紫外線《しがいせん》は、人間の皮膚《ひふ》に有害《ゆうがい》だ。

異常気象《いじょうきしょう》

地球温暖化《おんだんか》は、異常気象《いじょうきしょう》を引き起こす。近ごろ、酷暑《こくしょ》・猛暑《もうしょ》、干《かん》ばつ、山火事、暴風雨《ぼうふうう》や吹雪《ふぶき》などが、以前《いぜん》より増《ふ》えている。

氷解《ひょうかい》による海面上昇《じょうしょう》の危険《きけん》にもっともさらされているのは、沿岸部《えんがんぶ》だ。

異常気象《いじょうきしょう》は、洪水《こうずい》などの問題を引き起こす。

とけ出す氷

世界各地での気温の上昇《じょうしょう》により、山のなかの氷河《ひょうが》や、極地《きょくち》の氷冠《ひょうかん》・氷床《ひょうしょう》など、広い範囲《はんい》の氷がとけ出している。とけた水は海に流れこみ、海面を上昇《じょうしょう》させる。

1980 年夏

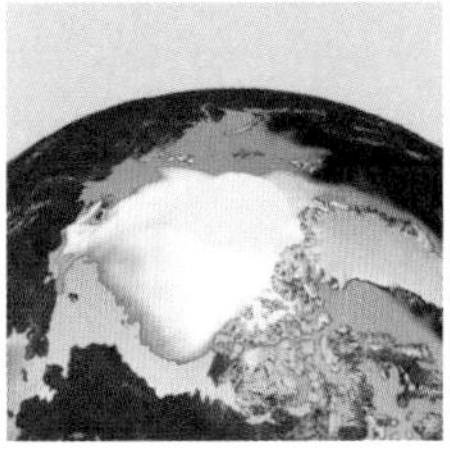

2012 年夏

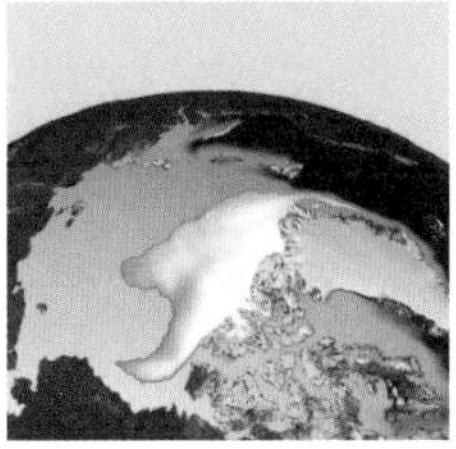

北極海《ほっきょくかい》をおおう氷の面積《めんせき》は、年々小さくなってきている。1980 年の夏と、2012 年の夏の氷の量《りょう》を比《くら》べてみよう。

スモッグ

スモッグは、有毒《ゆうどく》ガスや粒子状物《りゅうしじょうぶっ》質《しつ》を含《ふく》む濃《こ》い霧《きり》で、おもに都市の上空に発生する。気温が高く、スモッグを吹《ふ》き飛《と》ばす風がない日には、特《とく》にひどくなる。

猛暑《もうしょ》と雨不足《あめぶそく》で、山火事の危険《きけん》はさらに高まる。

森《しん》林《りん》破《は》壊《かい》

人間は太古の昔から、家を建《た》てたり、火をおこしたりするために、木を切り倒《たお》してきた。

いま森林は、かつてないスピードで伐採《ばっさい》されている。材《ざい》木《もく》や燃料《ねんりょう》にするだけでなく、農地を広げたり、紙の原料《げんりょう》にしたりするためにも、伐採《ばっさい》されるからだ。

わたしたちが毎日使う紙の量《りょう》は、100万トンにもなる！

オランウータンのすむ森は、この20年間で80%失《うしな》われた。野生のオランウータンは、いま絶滅《ぜつめつ》の危機《きき》にひんしている。

パーム油《ゆ》

パーム油は、アブラヤシの実からとれる油で、なめらかな食感が特徴《とくちょう》だ。食用油やチョコレート、洗剤《せんざい》や口紅《くちべに》など、多くの製品《せいひん》に使われている。ギニアアブラヤシはアフリカ原産《げんさん》だが、いまでは東南アジアを中心に、大規模《だいきぼ》な農園で栽培《さいばい》されている。アブラヤシを植えるために、森林が伐採《ばっさい》されたり焼《や》き払《はら》われたりすると、野生動物はすみかを失《うしな》ってしまう。

アブラヤシの実

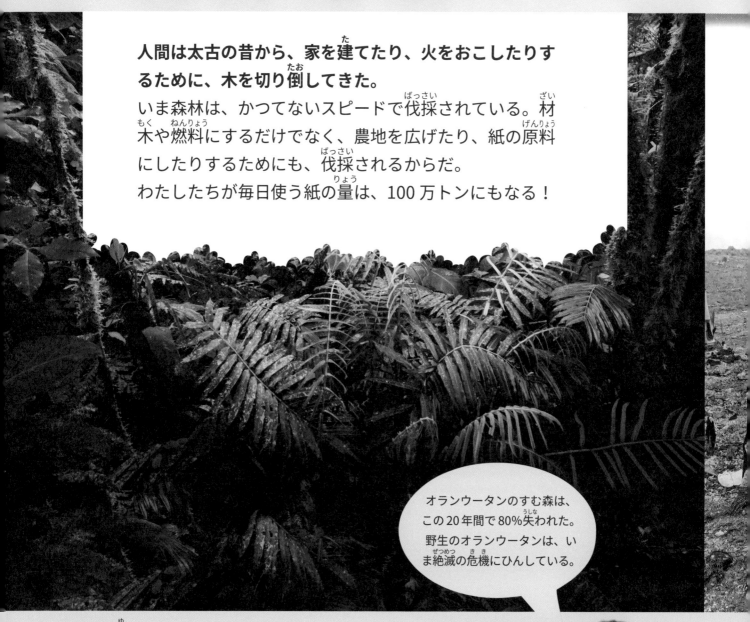

世界には約《やく》３兆《ちょう》本の木があるが、毎年、150億《おく》本が伐採《ばっさい》されている。

持続可能《じぞくかのう》なパーム油

パーム油の原料《げんりょう》のアブラヤシが、人間や動物、そして環境《かんきょう》にやさしい方法《ほうほう》で栽培《さいばい》されることを目指す組織《そしき》、ＲＳＰＯ「持続可能なパーム油のための円卓会議《えんたくかいぎ》」が2004年に設立《せつりつ》された。

スーパーで売られている、油脂《ゆし》を使った加工《かこう》食品の多くは、パーム油が使われている。

パーム油は、保存料《ほぞんりょう》としての働《はたら》きを持ち、食品の酸化《さんか》や変質《へんしつ》を防《ふせ》ぐので、食品メーカーにとっては便利《べんり》な油脂《ゆし》だが、ラベルに書かれている原材料名には、単《たん》に「植物油（油脂《ゆし》）」と表示《ひょうじ》されることが多い。このため、毎日食べている食品にパーム油がふくまれているかどうかを見分けるのは難《むずか》しい。

なぜ森林が必要《ひつよう》なの？

森林はただの木の集まりではない。森林は、地球の生態系《せいたいけい》のバランスを保《たも》つために重要《じゅうよう》な役割《やくわり》を担《にな》っているのだ。

二酸化炭素《にさんかたんそ》

木は成長《せいちょう》するときに、空気中から二酸化炭素《にさんかたんそ》やほかの有害《ゆうがい》ガスを吸収《きゅうしゅう》する。二酸化炭素《にさんかたんそ》は、気《き》候変動《こうへんどう》の原因《げんいん》となる、温室効果《こうか》ガスのひとつだ。

酸素《さんそ》

森は、地球の「肺《はい》」だ。わたしたちが毎日呼吸《こきゅう》する酸素《さんそ》を生み出している。

水の循環《じゅんかん》

森の木は、土のなかから水分を吸《す》い上げ、大気中に蒸発《じょうはつ》させる。その水蒸気《すいじょうき》は、やがて雨雲となり、雨を降《ふ》らせて干《かん》ばつを防《ふせ》ぐ。

土壌《どじょう》の保護《ほご》

地中深くまでしっかり張《は》った木の根は、土砂《どしゃ》が雨で流されたり、風で飛《と》ばされたりするのを防《ふせ》ぐ。

洪水《こうずい》の防止《ぼうし》

木は、根のまわりの土のなかに水を蓄《たくわ》えられるため、大雨のときも、河川《かせん》の急な増水《ぞうすい》や洪水《こうずい》を防《ふせ》ぐ。

医薬品

多くの医薬品は、熱帯《ねったい》雨林の植物やその成分《せいぶん》をもとに作られている。

生物多様性《たようせい》

森林には、陸上《りくじょう》の動植物の約《やく》80％がすんでいる。このように、多種《たしゅ》多様な生物が存在《そんざい》することを、生物多様性《たようせい》という。

人間

世界じゅうでおよそ３億《おく》人の人間が、森林で暮《く》らしている。さらにそれ以上《いじょう》の人間が、仕事や食糧《しょくりょう》を森林から得《え》ている。

自《し》然《ぜん》保《ほ》護《ご》

たくさんの種類《しゅるい》の動植物が、森林破壊《しんりんはかい》や狩猟《しゅりょう》、公害《こうがい》、気候変動《きこうへんどう》、病気など、人間の活動によって、生命をおびやかされている。これらの動植物を保護《ほご》し、絶《ぜつ》滅《めつ》しないようにするために、わたしたちはいますぐ行動しなければならない。絶滅危惧種《ぜつめつきぐしゅ》を救《すく》う方法《ほうほう》は、たくさんある。

絶滅《ぜつめつ》

森林破壊《はかい》や、すみかの破壊《はかい》、狩猟《しゅりょう》などによって、動物がすめる場所はどんどん少なくなっている。人間が動物とそのすみかを守らなければ、かつて絶滅《ぜつめつ》した鳥「ドードー」のように、じきに死に絶《た》えてしまうだろう。

ドードー

野生復帰《ふっき》

野生で生き残ることが難《むずか》しい動物を、人
的に繁殖《はんしょく》しようという試《こころ》みが行われてい
る。東アジアでは、野生で減《へ》りつつある
ムールヒョウを、動物園で繁殖《はんしょく》し、いつ
元のすみかに戻《もど》すことが期待されている。

アムールヒョ
の子ども

海を守る

魚の乱獲《らんかく》が行われている海域《かいいき》を、保護区《ほごく》
指定すれば、魚の個体数《こたいすう》が回復《かいふく》する可能《かのう》
がある。チリ領《りょう》のイースター島周辺《しゅうへん》の
パ・ヌイ海洋保護区《ほごく》は、地球上ここにし
存在《そんざい》しない140種以上《しゅいじょう》の固有《こゆう》の海洋生物
保護《ほご》している。

エコツーリズム

絶滅危惧種《ぜつめつきぐしゅ》の動物がすむ地域《ちいき》への旅行は、エコツーリズムと呼《よ》ばれる。これは、地元の人たちに収入《しゅうにゅう》をもたらし、自《し》然《ぜん》を保護《ほご》するのに役立つ。旅行者は、動物に危害《きがい》をあたえないよう、木道や歩道など決められたルートを歩いて、生き物に近づきすぎないことが大切だ。

森林を守る

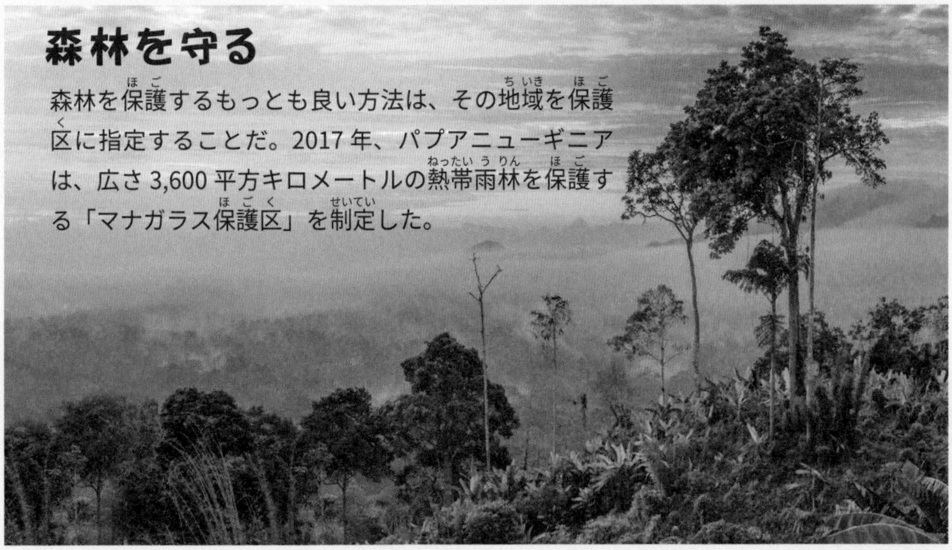

森林を保護《ほご》するもっとも良い方法は、その地域《ちいき》を保護《ほご》区《く》に指定することだ。2017 年、パプアニューギニアは、広さ 3,600 平方キロメートルの熱帯雨林《ねったいうりん》を保護《ほご》する「マナガラス保護区《ほごく》」を制定《せいてい》した。

度絶滅《ぜつめつ》した動物を、その地域《ちいき》に
工的に復活《ふっかつ》させることを「再導《さいどう》
」という。これは難《むずか》しいことだ
、2009 年にイギリスのスコッ
ランドでは、16 世紀《せいき》に絶滅《ぜつめつ》した
ーバーの再導入《さいどうにゅう》に成功《せいこう》した。

サイの角《つの》

体の一部をねらわれた動物たちが、世界じゅうで殺《ころ》されている。サイは、角《つの》を漢方薬の原料《げんりょう》にするために殺《ころ》される。サイが密猟者《みつりょうしゃ》に殺《ころ》されないよう、獣医《じゅうい》があらかじめ角《つの》を切り落としている地域《ちいき》もある。

クロサイ

この南アフリカのサイは、角《つの》目当ての密猟《みつりょう》を防《ふせ》ぐために、角《つの》を切り落とされた。

キシコ政府《せいふ》は 2017 年に、魚の通道を遮断《しゃだん》するように張《は》る「刺《さ》し
」を禁止《きんし》した。この漁法《ぎょほう》で、コ
シラネズミイルカというイルカが絶滅《ぜつめつ》の危機《きき》にさらされていたからだ。

コガシラネズミイルカ

狩猟禁止《しゅりょうきんし》

娯楽《ごらく》やスポーツとして動物の狩猟《しゅりょう》を行っている国や地域《ちいき》がある。ハイイログマは、そのような狩猟《しゅりょう》の標的《ひょうてき》とされる動物のひとつだ。2017 年、カナダのブリティッシュコロンビア州は、食用または娯楽目《ごらくもく》的《てき》のハイイログマの狩猟《しゅりょう》を禁《きん》止《し》した。

ハイイログマは、数は少ないが、北アメリカの生態系《せいたいけい》に大きな影響《えいきょう》をあたえている。

再生可能《さいせいかのう》エネルギー

これまで人間は、石油、石炭、天然ガスなどの化石燃料《ねんりょう》を燃《も》やして、発電したり、車を動かしたりするためのエネルギーを得てきた。しかし、化石燃料《ねんりょう》は、このまま使い続けるとなくなってしまう。これに対し、**使ってもなくならない自然《しぜん》エネルギーを、再生可能《さいせいかのう》エネルギーと呼《よ》んでいる。**

温室効果《こうか》ガスは地球を取り巻《ま》いて、熱《ねつ》をとじこめる。このガスは、化石燃料《ねんりょう》を燃《も》やしてエネルギーを作るときに発生し、その量《りょう》が多いと、地球温《おん》暖化《だんか》が起こる。

太陽光発電

太陽光のエネルギーは、水を温《あたた》めたり、発電したりするのに使われる。太陽光はソーラーパネルによって電気エネルギーに変換《へんかん》される。

バイオ発電

動物のふんや廃材《はいざい》、食品廃棄物《はいきぶつ》などの有機物《ゆうきぶつ》を直接《ちょくせつ》燃《も》やしたり、いったんガスにしてから燃《も》やしたりして、タービンを回し、発電する。

水力発電

水力発電は、水が上から下へ流れるエネルギーを利用《りよう》している。ダムを作って川の水をため、水を勢《いきお》いよく流して水車を回して発電する。

地熱《ちねつ》発電

地球内部には、マグマによって熱《ねっ》せられた水や水蒸気《すいじょうき》がたまっている。これを利用《りよう》してタービンを回し、発電する方法を、地熱《ちねつ》発電という。

風力発電

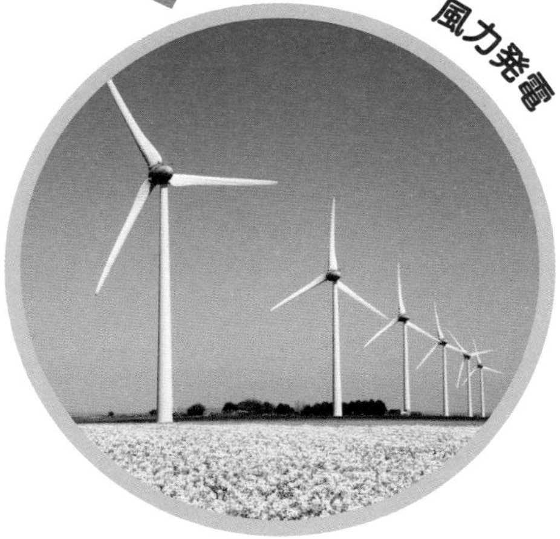

風の運動エネルギーで風車を回して発電する。風車には、ブレードと呼《よ》ばれる羽根が３枚《まい》ついていて、常《つね》に風が吹《ふ》いてくる方を向いている。

新しい技術《ぎじゅつ》

科学者たちは、地球にやさしい、革新的《かくしんてき》なエネルギーの作り方と使い方の開発を進めている。

再生可能《さいせいかのう》エネルギーを使えば、
大気にも人間の肺《はい》にもやさしい。
電気自動車
発電する歩道
人の体温で
暖房《だんぼう》するビル…

自動車は、ガソリンや軽油のような化石燃料《ねんりょう》を使わずに、電気で走ることもできる。

発電することができる歩道が開発された！上を人が歩くと、発電装置《そうち》が押《お》されて電気が起きる仕組みで、作った電力はすぐに夜間照明《しょうめい》などに利用《りよう》される。

人間の体温を利用《りよう》してビルを暖房《だんぼう》することもできる！たくさんの人が集まるビルで、人が発する熱《ねつ》を換気《かんき》システムで集め、それを温水に変換《へんかん》して、ビルの暖房《だんぼう》に使う仕組みだ。

省《しょう》エネ住宅《じゅうたく》

ふつうの住宅《じゅうたく》は、多くの熱《ねつ》がにげ、水や電気をむだに使いすぎている。省《しょう》エネ住《じゅう》宅《たく》は、エネルギーのむだをおさえ、再生《さいせい》可能《かのう》エネルギーを利用《りよう》する住宅《じゅうたく》だ。でも、省《しょう》エネ住宅《じゅうたく》でなくても、むだを減《へ》らすためにできることはたくさんある。

コンテナハウス

海上輸送《ゆそう》用のコンテナを住居《じゅうきょ》にしている人もいる。

アースシップ

アースシップは廃材《はいざい》や土で作られた、電気も水も自給自足《じきゅうじそく》する家だ。

ソーラーパネル
ソーラーパネルは太陽光を電気に変《か》える。
ソーラー携帯充電器《けいたいじゅうでんき》
太陽光で電子機器《きき》を充電《じゅうでん》できる。
シャワーの時間は短く
時々窓《まど》を開けて部屋の空気を入れかえよう
こまめに暖房《だんぼう》を切る
蛇口《じゃぐち》を閉《し》める
冷蔵庫《れいぞうこ》のドアを開ける時間は短く
だれもいない部屋の電気は消す
テレビを消す
見終わったらテレビを消す。代わりに、もっと本を読

ストローベールハウス

ストローベール（わらのたわら）の家は、断熱性《だんねつせい》が高く、建築費《けんちくひ》も安い。

ゼロカーボン住宅《じゅうたく》

二酸化炭素《にさんかたんそ》をまったく排出《はいしゅつ》しないシステムを「ゼロカーボン」と呼《よ》ぶ。

土でできているエコハウスもある！

エコハウス

エコハウスは、環境《かんきょう》に負担《ふたん》をかけないように建《た》てられた住宅《じゅうたく》で、廃材《はいざい》や自然素材《しぜんそざい》でできている。断熱性《だんねつせい》、気《き》密性《みつせい》が高く、外に熱《ねつ》をにがさない。電気は、太陽光などの再生可能《さいせいかのう》エネルギーを利用《りよう》している。

ペアガラスには断熱効果《ねつこうか》があるので冷暖房《れいだんぼう》費《ひ》がおさえられる。

LED電球

LED電球は、ふつうの白熱《はくねつ》電球に比べて、電気代は5分の1以下、寿命《じゅみょう》は約40倍だ。

壁《かべ》のなかの断熱材《だんねつざい》

家の外部と内部のあいだの熱《ねつ》の移動《いどう》が減《へ》るので、冷暖《れいだん》房費《ぼうひ》がおさえられる。

乾燥機《かんそうき》

外に洗濯物《せんたくもの》を干《ほ》せる日には、なるべく乾燥機《かんそうき》は使わないようにしよう。

スマートメーター

スマートメーターがあると、電気の使用《しよう》量《りょう》がひと目でわかる。

世界で使われるエネルギーのうち、再生可能《さいせいかのう》エネルギーは約《やく》18％だ。

家庭から出るゴミ

わたしたちは、ふだんの生活のなかで、つねにゴミを生み出している。食べ残《のこ》しやこわれたもの、包装材《ほうそうざい》や古着など、修理《しゅうり》や再《さい》利用《りよう》できるものまで捨《す》ててしまうことがよくある。もしこれらのゴミを再利用《さいりよう》すれば、何か新しいものに生まれ変《か》わるだろう。だが、リサイクルできないものもたくさんある。

靴《くつ》のリサイクル率
5％以下《いか》だ。

毎年、
2000億個《おくこ》
以上《いじょう》のアルミ缶《かん》が
使われている。

自動車のタイヤ
電子機器
革靴《かわぐつ》
衣類《いるい》
その他
世界じゅうで毎日、衣類《いるい》や電子機器《きき》などの製品《せいひん》が、山のように捨《す》てられている。その多くは人にゆずったり、修理《しゅうり》したりできるはずだ。
灰《はい》
缶《かん》
台所用品
空《あ》き缶
アルミホイル
蛍光灯《けいこうとう》
ガラスびん
こわれたガラス食器《しょっき》
ペットボト
ガラスの広口びん

金属《きんぞく》

やかんや缶《かん》など、多くのものは金属《きんぞく》でできている。家庭でもっともよく使われる金属《きんぞく》は、鉄とアルミニウムだが、これらは必《かなら》ずリサイクルするようにしたい。

フィンランドでは、
ガラスの90％が
リサイクルされている。

ガラス

ガラスの空《あ》きびんは、食べ物や飲み物の保存《ほぞん》に使うなど、家庭で再利用《さいりよう》しやすい。ガラスは、何度でもリサイクルされ、新しいものに生まれ変《か》わることができる。

＊日本ではガラスの 75％がリサイクルされている。

庭ゴミ
包装紙《ほうそうし》
ボール紙
新聞紙
スチック容器《ようき》
密閉容器《みっぺいようき》

世界各地《かくち》で、ゴミの排出《はいしゅつ》をゼロにしようという取り組みが行われている。この本を読んで、どうしたらゴミを減《へ》らせるか考えてみよう。

イギリスでは、毎日2400万枚の食パンが捨《す》てられている。

食品と庭

大量《いりょう》の食品が世界じゅうでムダになっている。庭からも、切り落とした枝《えだ》などのゴミが出る。

アメリカのたいていの家庭は毎年13000枚の紙を捨《す》てている。

紙

紙のリサイクルは、数百年前から行われていた。だが残《ざん》念《ねん》なことに、いまだに多くの紙がリサイクルされず、ゴミ箱に捨《す》てられている。

※日本では紙の約《やく》50%がリサイクルされている。

プラスチックのリサイクル率《りつ》は9%だ。

プラスチック

何十億《おくこ》個ものプラスチック製品《せいひん》が、毎日捨《す》てられている。リサイクルできるものもあるが、その方法《ほうほう》は難《むずか》しく、しかも多くて数回しかリサイクルできない。

人間はむかしから、こんなに捨《す》てていたの？

むかしのゴミの量《りょう》は、いまよりずっと少なかった。こんなに大量《たいりょう》に捨《す》てるようになったのは、20世紀《せいき》に入ってからだ。いったい何が変《か》わったのだろう？

家具
ボロ布《ぬの》
骨《ほね》

1900年

物の値段《ねだん》は高く、家で手作りすることが多かった。古いものは再利用《さいりよう》されるか修理《しゅうり》された。修理《しゅうり》できなくなったものだけが捨《す》てられた。

ダンボール
電気製品《せいひん》

1950年

プラスチック包装《ほうそう》は、まだ発明されていなかったのでダンボールが使われた。電気製品《せいひん》は高《こう》価《か》で、めったに捨《す》てられることはなかった。

プラスチック
衣類《いるい》

現在《げんざい》

多くのものがプラスチックで包装《ほうそう》されている。衣類《いるい》や電気製品《せいひん》を安く作れるので、以前《いぜん》より大量《たいりょう》にものが消《しょう》費《ひ》され、たくさん捨《す》てられている。

ゴミはどこへ行く？

わたしたちが捨《す》てたものは、地球の裏側《うらがわ》まで行きつくかもしれない！　捨《す》てられた後、ゴミは長い旅に出る。ゴミ焼《しょう》却施設《きゃくしせつ》や埋立処分場《うめたてしょぶんじょう》、リサイクル工場、ほかの国に輸出《ゆしゅつ》されるなど、ゴミの行き先はさまざまだが、できる限《かぎ》り、安全に処理《しょり》されなければならない。

一般《いっぱん》のゴミ

これらのゴミは、リサイクルしたり、「たい肥《ひ》」にしたりすることができない。さまざまな処理場《しょりじょう》に向け、ゴミ収集車《しゅうしゅうしゃ》で運ばれる。

ゴミ収集車《しゅうしゅうしゃ》は、ゴミをぎゅっと押《お》しちぢめて、たくさん積《つ》めるようにしている。

リサイクル用ゴミ箱

資源《しげん》ゴミの分別《ぶんべつ》の方法は、住んでいる国や地域《ちいき》によって違《ちが》う。素材《そざい》ごとに、ゴミ箱を色分けしているところもある。

資源《しげん》ゴミも、ゴミ収集《しゅうしゅう》車で運ばれる。

有機《ゆうき》ゴミ

庭から出るゴミや、生ゴミの一部は、微生物《びせいぶつ》によって分解《ぶんかい》して「コンポスト」とよばれるたい肥《ひ》にできる。これをさらに分解《ぶんかい》してガスを発生させ、発電に利用《りよう》することもある。

ゴミの焼却《しょうきゃく》は、大気汚染《たいきおせん》の原因《げんいん》になることがある。

ゴミは、たいてい右の二つの目的地に向かう。

ゴミ焼却施設《しょうきゃくしせつ》

ゴミはここで燃《も》やされる。焼却《しょうきゃく》による熱《ねつ》で水を温め、その蒸気《じょうき》で発電している施設《しせつ》もある。

埋立処分場《うめたてしょぶんじょう》

埋立処分場《うめたてしょぶんじょう》は、最終処分場《さいしゅうしょぶんじょう》とも呼《よ》ばれ、地面の穴《あな》にゴミを入れて土をかぶせる。埋立処分場《うめたてしょぶんじょう》には、広い土地が必要《ひつよう》だ。

食品にふくまれる油で、容器《ようき》がよごれていると、リサイクルできなくなる。

リサイクル工場

資源《しげん》ゴミは素材《そざい》ごとに分別《ぶんべつ》され、新しい製品《せいひん》に生まれ変《か》わる。リサイクルできないゴミは、焼却施設《しょうきゃくしせつ》や埋立《うめたて》処分場《しょぶんじょう》に送られる。

ゴミの輸出《ゆしゅつ》

ゴミを自分の国できちんと処理《しょり》するには、費用《ひよう》がかかる。それを安くすませるために、ゴミをほかの国に輸出《ゆしゅつ》するということが行われている。

野菜《やさい》の栽培《さいばい》

ゴミから作ったコンポストを、畑や庭にまけば、植物の成長《せいちょう》を助けることができる。コンポストの材料《ざいりょう》となる生《なま》ゴミを、分別回収《ぶんべつかいしゅう》している自治体《じちたい》もある。

有害廃棄物《ゆうがいはいきぶつ》

乾電池《かんでんち》のような製品《せいひん》は、有《ゆう》害物質《がいぶっしつ》をふくんでいるため、分《ぶん》別回収《べつかいしゅう》して、安全に処分《しょぶん》される。

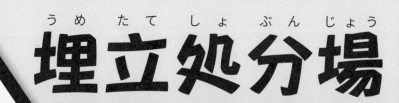

埋立処分場《うめたてしょぶんじょう》

ゴミが分解《ぶんかい》するときに、二酸化《にさんか》炭素《たんそ》や燃《も》えやすいメタン、有毒《ゆうどく》な二酸化《にさんか》硫黄《いおう》などのガスや悪臭《あくしゅう》が発生する。
埋立処分場《うめたてしょぶんじょう》に捨《す》てられた食品ミが原因《げんいん》で、カラス、ネズミ、ハエや蚊《か》などが大量《たいりょう》に発生することがある。
埋立処分場《うめたてしょぶんじょう》から流れ出た水（浸《しん》出水《しゅつすい》）には、重金属《じゅうきんぞく》など有害《ゆうがい》な物質《ぶっしつ》が溶《と》けこんでいるので、きちんと処理《しょり》する必要《ひつよう》がある。
都市が拡大《かくだい》して人口が増《ふ》えると、埋立処分場《うめたてしょぶんじょう》の近くに住む人も出てくる。そのような住民《じゅうみん》たちは、健康《けんこう》を害《がい》するおそれがある。

インドネシアのジャカルタにあるバンタルグバン・ゴミ処理場《しょりじょう》は、世界最大《さいだい》のゴ埋立処分場《うめたてしょぶんじょう》では、リサイクルできないゴミや、燃《も》やすことのできないゴミを、地面に掘《ほ》った穴《あな》に入れて、土をかぶせている。穴《あな》がいっぱいになったら、新しい埋立処分場《うめたてしょぶんじょう》を作らなくてはならないが、世界には分別《ぶんべつ》をせずに、すべてのゴミを山積《やまづ》みにしているだけの「巨大《きょだい》なゴミ捨《す》て場《ば》」もたくさんある。

きちんと分別《ぶんべつ》されていないゴミには、重金属《じゅうきんぞく》、強い酸《さん》やアルカリ、石綿《いしわた》、PCB（ポリ塩化ビフェニール）などの有害物質《ゆうがいぶっしつ》や毒物《どくぶつ》がふくまれているおそれがある。

ゴミ山が…

ゴミ山

以前《いぜん》、イスラエルには、ヒリヤと呼《よ》ばれる悪臭《あくしゅう》をはなつ巨大《きょだい》な埋立処分場《うめたてしょぶんじょう》があった。この場所はいま、緑に囲《かこ》まれたアリエル・シャロン公園として生まれ変《か》わった。ゴミの山は、バイオプラスチックの層《そう》で密封《みっぷう》され、その上に砂利《じゃり》や土を盛《も》って、植物が育つようにした。ほかの国々も、同じような方法《ほうほう》で満杯《まんぱい》になった埋立《うめたて》処分場《しょぶんじょう》をきれいにしようとしている。

公園に

公園を訪《おとず》れた人は、散歩《さんぽ》やサイクリングをしたり、動物園や野外コンサートを楽しんだりしている。

捨て場《ば》のひとつで、**サッカーフィールド160面**の広さがある。

プラスチックは永《えい》遠《えん》に

石油から作られるプラスチック製品《せいひん》。身近《みぢか》なところでは、レジ袋《ぶくろ》、使い捨《す》てコップ、ペットボトル、おもちゃや文具など、さまざまな場面で使われている。プラスチックは、いろいろな形や色の製品《せいひん》を安く作ることができる、すぐれた素《そ》材《ざい》だ。しかし、それがゴミになると、腐《くさ》ることがなく、ただ、どんどん小さくなるだけで、燃《も》やさないかぎり、いつまでも地球にとどまる。

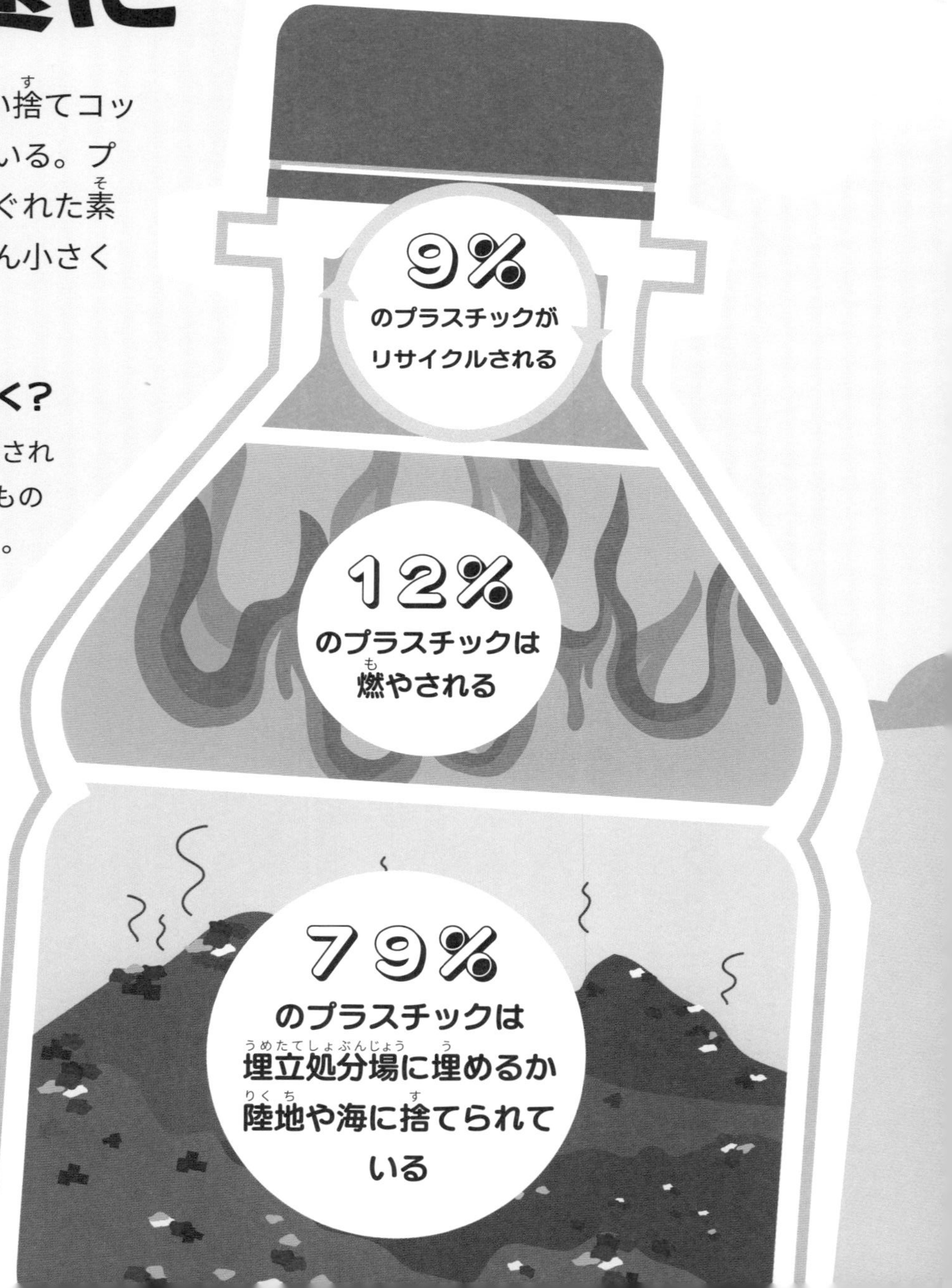
9%
のプラスチックがリサイクルされる
12%
のプラスチックは燃《も》やされる
79%
のプラスチックは埋立処分場《うめたてしょぶんじょう》に埋《う》めるか陸地《りくち》や海に捨《す》てられている

プラスチックのゴミはどこへ行く？

プラスチックが発明されて以来《いらい》、83億《おく》トンもの製品《せいひん》が生産《せいさん》された。しかし、それがゴミになったとき、リサイクルされるものはわずかだ。では、プラスチックゴミはどこに行くのだろう。

プラスチックの種類《しゅるい》

プラスチックには、たくさんの種類《しゅるい》がある。それぞれ性質《せいしつ》も異《こと》なり、じょうぶで固《かた》いものから、柔《やわ》らかくてしなやかなものまでさまざまだ。それぞれのプラスチックを正しい方法《ほうほう》で処分《しょぶん》しよう。リサイクルできないものもあれば、設備《せつび》を備《そな》えた処理場《しょりじょう》で、リサイクルできるものもある。

ペットボトル

ポリエチレンテレフタレート（PET）

もっとも身近《みぢか》に使われているプラスチックで、水や飲み物の容器《ようき》は、ほとんどこれでできている。PET は広くリサイクルされているが、洗《あら》って再利用《さいりよう》（リユース）するのには向いていない。容器《ようき》内部に細菌《さいきん》が繁殖《はんしょく》しやすく、またガラスとちがい、前の飲み物の臭《にお》いなどが、新しい飲み物にうつることがあるからだ。

＊日本で製造《せいぞう》されるペットボトルはすべて透明《とうめい》で、色がつい

ポリスチレンは、軽くて、価格《かかく》も安く、成形《せいけい》しやすいため、使い捨《す》てのコップや卵《たまご》のケース、発泡《はっぽう》スチロールの梱包材《こんぽうざい》などに使われている。発泡《はっぽう》スチロールは風に飛《と》ばされやすく、河川《かせん》から海に流れこめば、海の生物に害《がい》をおよぼす。

使い
コップ

ポリプロピレン（PP）、ポリエチレン（PE）

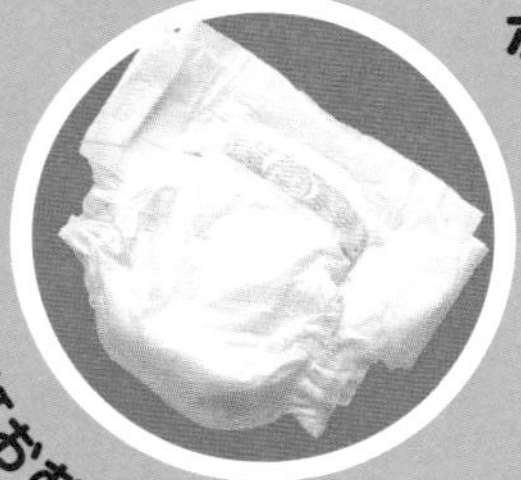

紙おむつ

ポリプロピレンは、じょうぶで軽く、熱《ねつ》に強い。本の表紙の表面加工《かこう》や、紙おむつの不織布《ふしょくふ》、ペットボトルのキャップ、ヨーグルトの容器《ようき》など、広く利用《りよう》されている。

ポリエチレンは、じょうぶで値段《ねだん》が安いので、レジ袋《ぶくろ》、ゴミ袋《ぶくろ》、農業用フィルムなどさまざまな用途《ようと》に使われる。

どうすれば減《へ》らせる？

- 使い捨《す》てボトルの代わりに、くりかえし使える水筒《すいとう》を使う。
- プラスチックの代わりに、紙製《かみせい》のストローやコップ、木の食器《しょっき》などを使う。
- スーパーに行くときは、エコバッグを持参《じさん》して、新しいレジ袋《ぶくろ》を使わないようにする。

1秒間に約《やく》20,000本のペットボトルが、売られている。でも、リサイクルされるのは、このうちの半分以下《いか》だ。

＊日本では、プラスチックゴミの 27%がリサイクルされて他の製品《せいひん》に生まれ変わっている。66%が燃《も》やされ、7%が埋《う》められている。（「プラスチック循環利用協会《じゅんかんりようきょうかい》」より）

＊ペットボトルのリサイクルは、日本が 85%、ヨーロッパが 42%、アメリカが 21%。（「PET ボトルリサイクル推進協議会《すいしんきょうぎかい》」より）

＊日本では、ゴミを燃《も》やし、その熱《ねつ》を利用《りよう》すれば「サーマル・リサイクル」というリサイクルをしたとみなしている。

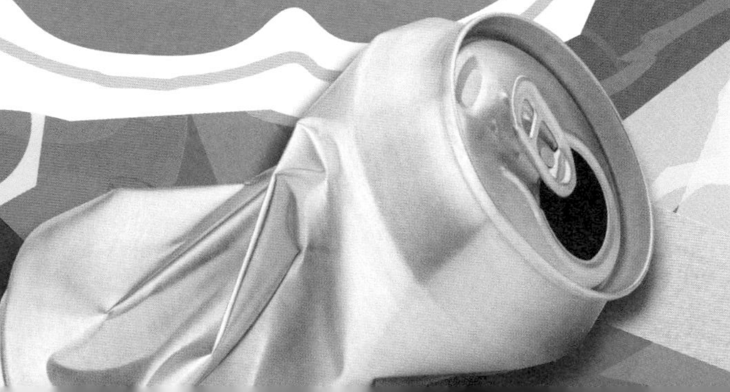

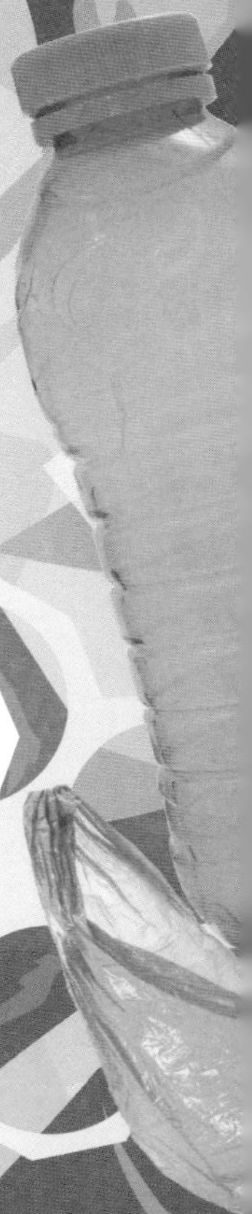

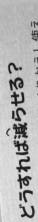

使《つか》い捨《す》てプラスチック

使《つか》い捨《す》て製品《せいひん》

これまでに作られたプラスチック製品《せいひん》は、焼却《しょうきゃく》されたものを除《のぞ》いてすべて、いまも地球上に存在《そんざい》している！　プラスチックは、完全《かんぜん》に分解《ぶんかい》して自然に還《かえ》ることはなく、少しずつ小さなかけらになっていくだけだ。いまあるプラスチックの40%は、使い終わった容器《ようき》や包装《ほうそう》だという。

プラスチックの牛乳《ぎゅうにゅう》びん
プラスチックの飲み物ボトル
プラスチックのコップ
液体《えきたい》石けん
紙おむつ
プラスチックの歯ブラシ
風船
イベントなどで配られた風船が地面に落ちると、野生動物が食べて、被《ひ》害《がい》にあうかもしれない。
プラスチックストロー
プラスチックのスプーンやナイフ
ウミガメは、レジ袋《ぶくろ》をクラゲとまちがえて食べ、消化管《しょうかかん》をつまらせてしまうことがある。
ラップフィルム
毎年捨《す》てられるラップフィルムの量《りょう》は、地球を4回包《つつ》むことができるほどだ。
1枚《まい》のレジ袋《ぶくろ》が実際《じっさい》に使われている時間は、平均《へいきん》するとわずか12分間。
プラスチックの容器《ようき》や包装《ほうそう》

わたしたちは、大量生産《たいりょうせいさん》と使《つか》い捨《す》ての社会で暮《く》らしている。なかでもプラスチック製品《せいひん》は、１回使われただけで捨《す》てられてしまうものが多い。これを問題視《もんだいし》したＥＵ理事会は、2019 年、ストローやスプーンなどの使《つか》い捨《す》てプラスチック製品《せいひん》の流通を 2021 年までに禁止《きんし》する法案を採択《さいたく》した。

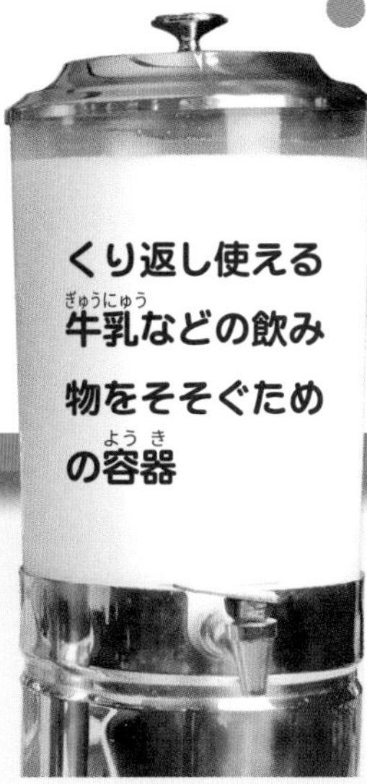
くり返し使える牛乳《ぎゅうにゅう》などの飲み物をそそぐための容器《ようき》

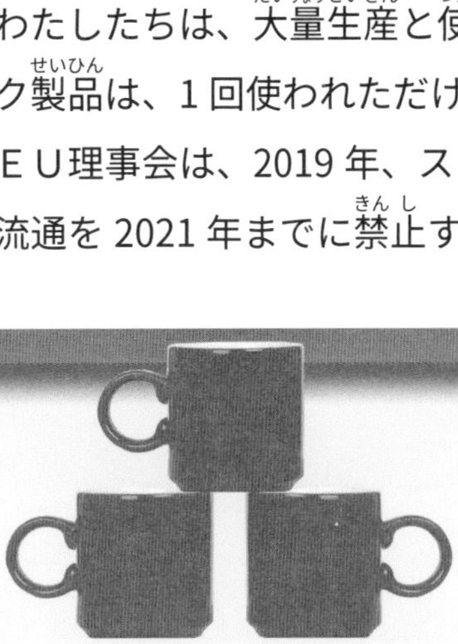
くり返し使えるコップ

毎日、**６千万本**のペットボトルが捨《す》てられている

くり返し使えるボトル

環境《かんきょう》にやさしい製品《せいひん》に替《か》えよう

いま使っている使《つか》い捨《す》てプラスチックは、どれも環境《かんきょう》にやさしい製品《せいひん》やくり返し使える製品《せいひん》に取り替《か》えることができる。キノコなどの自然素材《そざい》から作った、公害《こうがい》を起こさず自然に分《ぶん》解《かい》する包装材《ほうそうざい》もある。このような代替品《だいたいひん》を使って、ゴミをまったく出さないよう努力《どりょく》している人たちもいる。

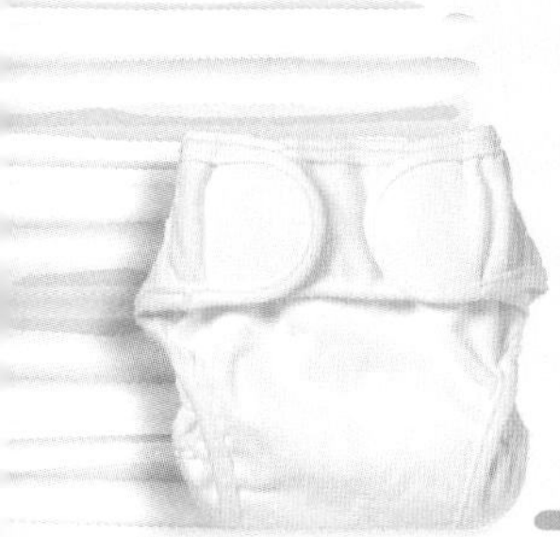
布《ぬの》おむつ

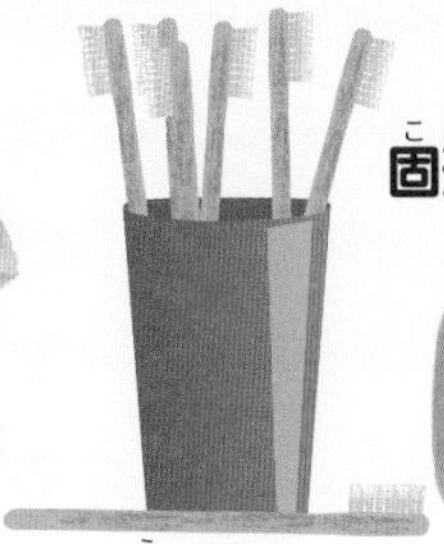
竹の柄《え》の歯ブラシ

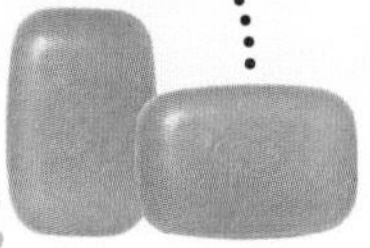
固形《こけい》石けん

ミツロウラップ

ハチの巣《す》から採《と》れたミツロウを布《ぬの》にしみこませて作ったラップは、洗《あら》ってくり返し使える。

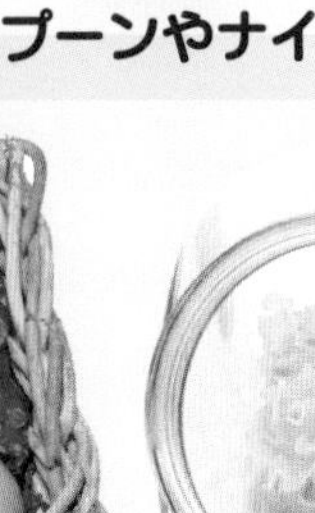
金属《きんぞく》のスプーンやナイフ

紙製《かみせい》のストロー

プラスチックのストローは**２００年**かかって小さな粒子《りゅうし》になる。

バラ売りの野菜《やさい》や果物《くだもの》

キノコ素材《そざい》のパッケージ

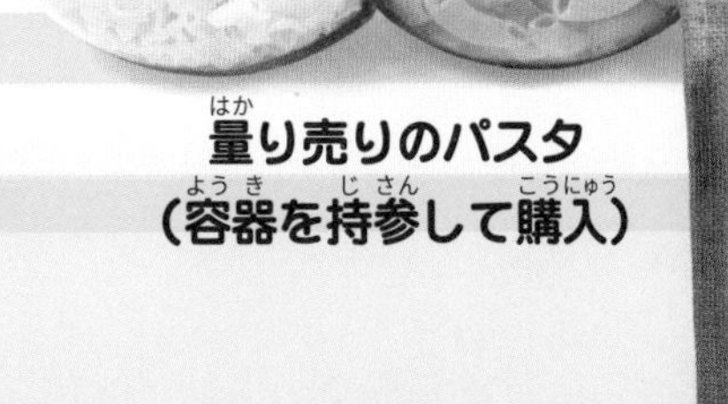
量《はか》り売りのパスタ（容器《ようき》を持参《じさん》して購入《こうにゅう》）

エコバッグ

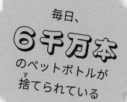

海からのSOS！

広い太平洋のまんなかに浮《う》かんだゴミの島を想像《そうぞう》してみよう。

プラスチック製品《せいひん》が海に流れこむと、海流によって一か所に集まり、海に浮《う》かぶ巨大《きょだい》なゴミの島が生まれる。プラスチックは、水中で小さくなっていくけれど、完《かん》全《ぜん》に消え去ることはない。

１９８９年

プラスチックのヘルメットが初めて海で見つかった。

アジア

太平洋

ゴミベルト（ゴミの島）

海に流れこんだゴミは、海流によって運ばれ、やがて一か所に集中して、海に浮《う》かぶ巨大《きょだい》なゴミのかたまり（ゴミベルト）を形づくる。世界最大のゴミベルトは、太平洋ゴミベルト（GPGP = Great Pacific Garbage Patch）と呼《よ》ばれ、北太平洋に存在《そんざい》する。その広さはフランスの国土の３倍で、およそ１兆《ちょう》8,000億個《おくこ》のゴミがふくまれるという。

太平洋ゴミベルト（GPGP）で見つかったウミガメの胃《い》の内容物《ないようぶつ》は**74%**が海洋プラスチックだった。

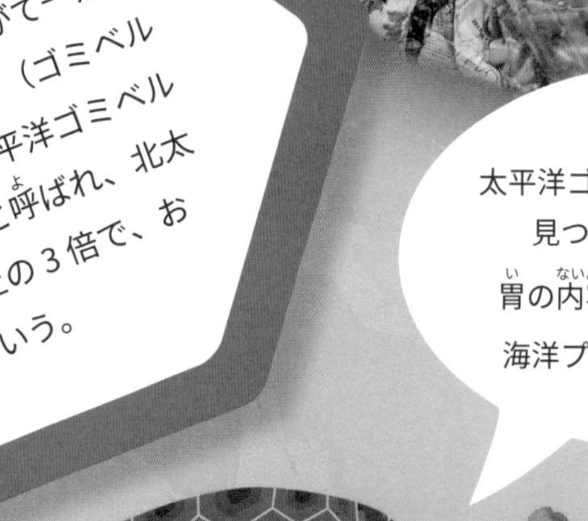

オーストラリア

太平洋ゴミベルト（GPGP）にふくまれるプラスチックの重さは、ジャンボジェット５００機《き》分にもなるといわれている。

北アメリカ

海洋の環流《かんりゅう》

海水は海流に乗って流れているが、大きなうずを描《えが》いて移動《いどう》する海流を環流《かんりゅう》と呼《よ》ぶ。この流れが世界各地のゴミを集め、うず巻《ま》き状《じょう》の巨大《きょだい》なゴミベルトを生み出している。世界の海には、５つの巨大《きょだい》なゴミベルトが存在《そんざい》する。

マイクロプラスチックが最初に見つかったのは、**１９５０年代**だった。

太平洋ゴミベルト（GPGP）で見つかるゴミの半分近くは、捨《す》てられた漁具《ぎょぐ》や漁網《ぎょもう》だ。

マイクロプラスチック

海に入ったプラスチックは、少しずつ砕《くだ》けて小さなかけらになっていく。このうち直径《ちょっけい》5 mm に満たないものを、マイクロプラスチックと呼《よ》ぶ。魚などが、プランクトンとまちがえて、これらを食べてしまうことが問題となっている。

海をきれいにしよう！

ストローやつぶれたサッカーボールなど、毎年製造《せいぞう》されるプラスチックの３分の１が海や海岸にたどりつく。このゴミを減《へ》らすために、何ができるだろうか？科学者、政府《せいふ》、そして一般市民《いっぱんしみん》が、この問題に立ち向かおうとしている。

クリーンアップ作戦《さくせん》

多くの団体《だんたい》が、
下の写真のように海洋ゴミの
清掃活動《せいそうかつどう》に取り組んでいる。
ゴミ拾い名人をめざすなら、
そういう団体《だんたい》に参加
してみよう。

「海のためにゴミを３つ拾う」運動

海辺《うみべ》や川に行ったらゴミを３つ拾って帰る。ただそれだけでこの運動に参加《さんか》できる。リサイクルできるゴミは、資源《しげん》ゴミとして出すことを忘《わす》れずに。

国際《こくさい》海岸クリーンアップデー

「国際《こくさい》海岸クリーンアップデー」の海岸そうじイベントに参加《さんか》しよう。毎年９月、世界100 か国以上《いじょう》で一斉《いっせい》に、ゴミの回収《かいしゅう》と調査《ちょうさ》を行っている。

世界最大《さいだい》の海岸クリーンアップ作戦《さくせん》

歴史上《れきしじょう》もっとも大規模《だいきぼ》なクリーンアップ作戦《さくせん》は、インドのムンバイのベルソバ・ビーチで行われた。ボランティアたちは 2015 年から 3 年の月日をかけ、海岸で１万トン近くのゴミを拾った。

そうじする前

そうじした後

海洋清掃《せいそう》マシン

NPO団体《だんたい》「オーシャン・クリーンアップ」は、2018年、世界で初《はじ》めて、海のプラスチックゴミを回収《かいしゅう》する装置《そうち》を作った。これを沖《おき》へ運び、5年以内《いない》に太平洋ゴミベルト（GPGP）のゴミを半減《はんげん》することを目ざしているという。この装置《そうち》は、ゆっくり移動《いどう》して海面に浮《う》かぶプラスチックゴミを集め、それを回収船《かいしゅうせん》が網《あみ》ですくいあげ、陸地《りくち》に持ち帰ってリサイクルする。

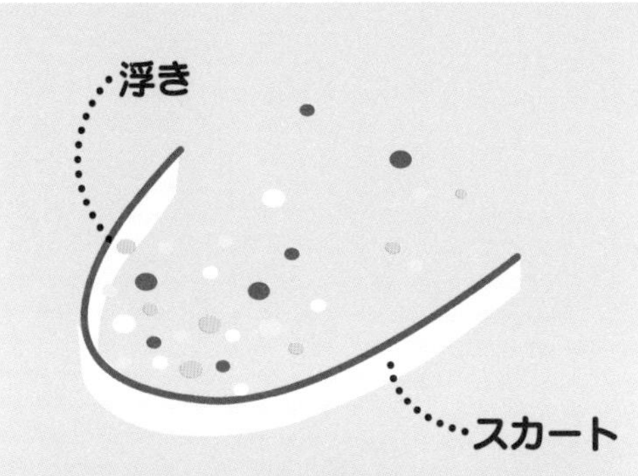

プラスチックゴミ回収装置《かいしゅうそうち》は、U字型《じがた》の巨大《きょだい》な浮《う》きと、浮《う》きから海中にたらしたスカートで出来ている。回収装置《かいしゅうそうち》は、ゆっくりと移動《いどう》してゴミを集める。

2分間のビーチクリーン運動

2分間のあいだに、砂浜《すなはま》のゴミをできるだけ多く拾う活動だ。だれでも簡単《かんたん》に参加《さんか》できる。

自分たちで始めよう！

砂浜《すなはま》のゴミ拾いに参加《さんか》すると、わたしたちがどれだけゴミを捨《す》てているかよくわかる。家族や友だちといっしょに、自分たちのプロジェクトを立ち上げて、積極的《せっきょくてき》にこの活動を広めよう！

海洋ゴミをなくすには

海洋プラスチックのほとんどは、陸《りく》地《ち》から来たものだ。ゴミが海に流出しないよう、わたしたちもできることをしよう。

道に投げ捨《す》てられたゴミは、風に飛ばされたり、雨水で流されて川に入り、海へと運ばれる。ゴミは、きちんとゴミ箱やゴミ袋《ぶくろ》に入れて捨《す》てよう。

トイレに流したそうじ用トイレクリーナーは、海までたどり着くこともある。自然《しぜん》に分解《ぶんかい》する製品《せいひん》を使うようにしよう。

埋立処分場《うめたてしょぶんじょう》のゴミが、風に飛《と》ばされて川に入ることもある。なるべくプラスチックを使わず、できるだけリサイクルすれば、ゴミを減《へ》らせるはずだ。

3つの「R」

毎日、約《やく》6800万トンのゴミが捨《す》てられている。

1 Reduce（リデュース）……ゴミの量《りょう》を減《へ》らす

ゴミを減《へ》らすための一番の方法は、買う量《りょう》を減《へ》らすこと。買い物にはエコバッグを持っていき、レジ袋《ぶくろ》は使わない。なるべくプラスチック包装《ほうそう》を避《さ》け、ばら売りの野菜《やさい》や果物《くだもの》を買おう。

2 Reuse（リユース）
……くり返し使う

次に大切なのは、くり返し何度も使ったり、古い物を再利用《さいりよう》することだ。ビールびんは、洗《あら》って何度も再使用《さいしよう》されている。空《あ》き缶《かん》や空《あ》きびんは、容器《ようき》としても使える。きれいな色や絵柄《えがら》の紙は、プレゼントを包《つつ》んだり、本のカバーにしたりできる。

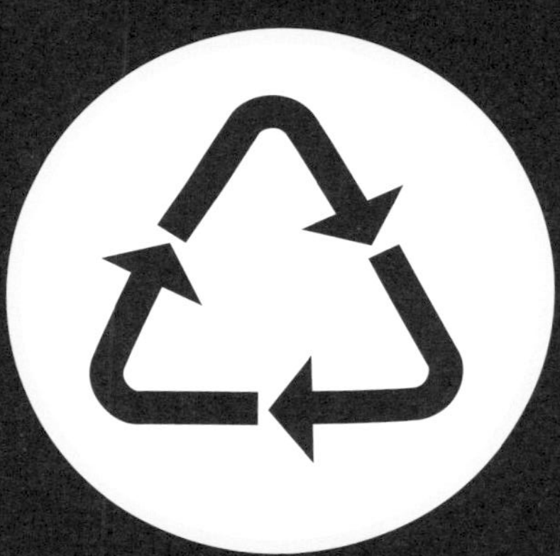

3 Recycle（リサイクル）
……資源《しげん》に戻《もど》して生まれ変わらせる

リサイクルは、ゴミを資源《しげん》に戻《もど》して、別の製品《せいひん》に作りかえることだ。リサイクルのしやすさも考えて、プラスチックの代わりに紙でできた製品《せいひん》を使うなど、環境《かんきょう》にやさしい製品《せいひん》を選《えら》ぶようにしよう。

ゴミをまったく出さない『ゴミゼロ』の暮《く》らしをめざしている人もたくさんいる。
1年間に出るゴミの量《りょう》が、ジャムのびん1本分という人もいるんだ！

リサイクル新聞

「家庭で再利用《さいりよう》できないものは、リサイクルに出すべきだ」と、環境《かんきょう》専門家《せんもんか》は言っている。資源《しげん》ゴミから別の製品《せいひん》を作れば、新しい原材料を使わずにすむからだ。だが、すべてのゴミがリサイクルできるわけではない。

アルミ缶《かん》1個《こ》を作るエネルギーで、テレビを3時間つけることができる。

1トンの新聞紙を作るために、24本の木が使われる。

ウンチが生まれ変わる！

リサイクルしたゴミは、思いもよらぬものに生まれ変わることがある。ノートから自転車のタイヤまで、あなたの持っているものも、もしかしたら古いスプーンやウンチから作られたのかもしれない！

ペットボトル
ノート
フリースのジャケット
ガラスびん
金属製《きんぞくせい》のスプーン
トイレットペーパー
チューインガム
自転車のフレーム
タイヤ
ダンボール箱
ゾウのウンチ
人工芝《じんこうしば》

世界で最初に紙をリサイクルした国は日本だ。古くは11世紀（平安時代）ごろから、使い

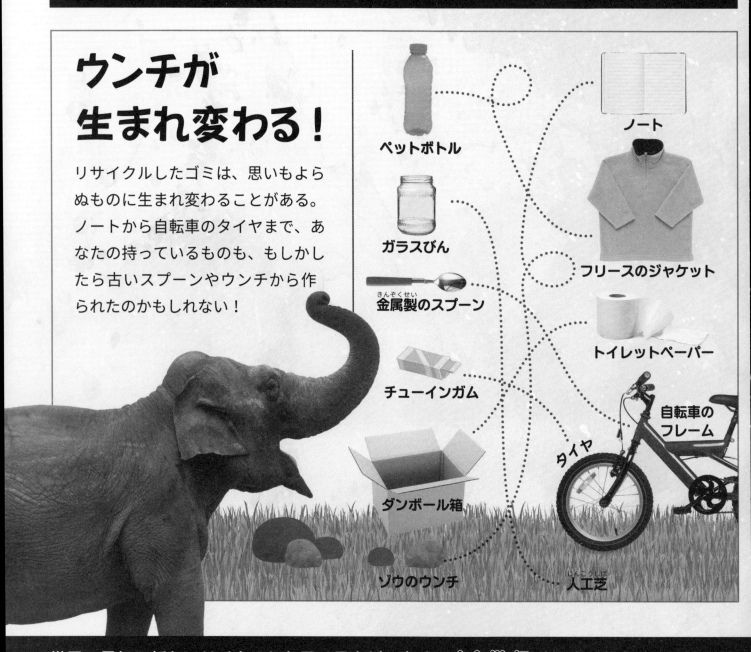

リサイクル率《りつ》をくらべると ナンバーワンはドイツ。

ゴミのリサイクル率《りつ》の上位５か国は、以下の通りだ。

＊日本は、ゴミ分別をきちんとしているのに、なぜ上位５か国に入っていないかというと、燃《も》やしてしまうことが多いからだ。世界的には、燃《も》やした熱を利用しても「リサイクル」とはいわない。

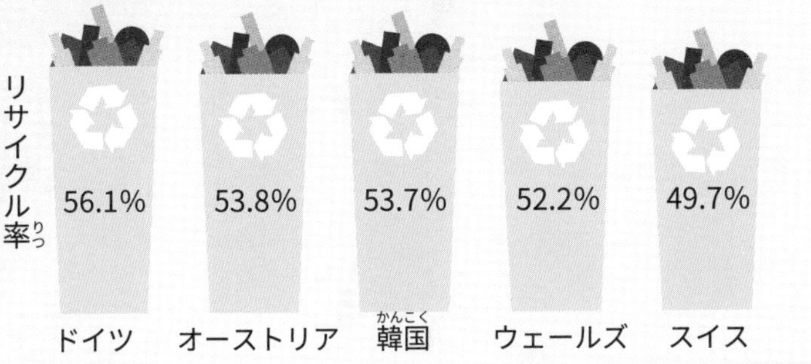
リサイクル率《りつ》
56.1%
53.8%
53.7%
52.2%
49.7%
ドイツ
オーストリア
韓国《かんこく》
ウェールズ
スイス

プラスチックを食べる細菌《さいきん》を発見！

石油から作られたプラスチックは、自然界では細かくなるだけで、分解《ぶんかい》されないと思われてきた。しかし、2016年、日本の科学者チームが、大阪《おおさか》府《ふ》堺市《さかいし》のゴミ処理場《しょりじょう》で、ペットボトルに使われるプラスチック (PET) を食べる細菌《さいきん》を発見したのだ。イデオネラ・サカイエンシスというこの細《さい》菌《きん》は、酵素《こうそ》を使ってＰＥＴを分解《ぶんかい》し、それを食べて自らのエネルギー源《げん》とする。

リサイクル先進国ドイツ

1991年、ドイツは、ＥＵ諸国《しょこく》で初めて、製造業者《せいぞうぎょうしゃ》に自社製品《せいひん》の包装《ほうそう》ゴミのリサイクルを義務《ぎむ》づけた。

レジ袋《ぶくろ》配布《はいふ》禁止《きんし》

2015年、カリフォルニア州は、アメリカで初めて、お店でのレジ袋《ぶくろ》無料配布《はいふ》を禁止《きんし》した。

リサイクルできないもの

ポテトチップスの袋《ふくろ》、ティッシュペーパー、一部のプラスチックなど、日用品の多くはリサイクルできない。食べ物で汚《よご》れた容器《ようき》もリサイクルできない。

わった紙を、水にとかして、漉《す》き直していた。

紙のリサイクル

毎年、本、新聞雑誌《ざっし》、ダンボール、印刷用紙の原料にするために、森林や植林地で何百万本もの木が、切り倒《たお》されている。紙のリサイクルは、森林保護《ほご》につながる。

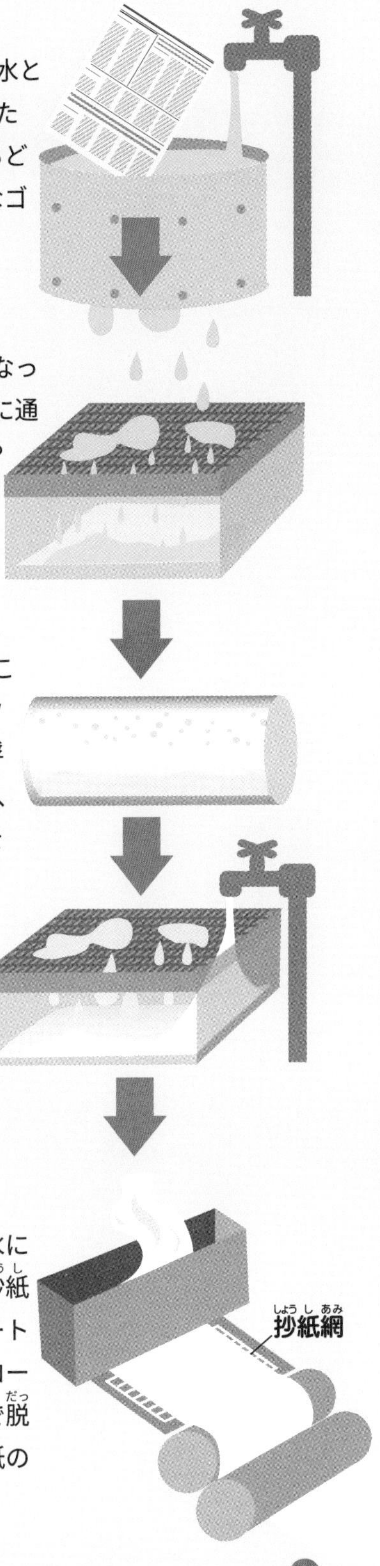
抄紙網《しょうしあみ》

1 古紙を、温水と薬品の入ったタンクに入れ、どろどろにほぐす。大きなゴミは取り除《のぞ》く。

2 どろどろになった古紙を網《あみ》に通して、小さなゴミや金属《きんぞく》などを取り除《のぞ》く。

3 洗剤《せんざい》を入れ、空気を送りこみ、はがれたインクを泡《あわ》といっしょに浮《う》かせて取る。さらに、薬品を使って繊維《せんい》を漂白《ひょうはく》する。

4 繊維《せんい》についた薬品を洗《あら》い流し、脱水《だっすい》する。この繊維《せんい》を「古紙パルプ」という。

5 パルプを水にとかし、抄紙《しょうし》網《あみ》の上に広げてシート状《じょう》にする。大きなローラーの間にはさんで脱《だっ》水《すい》し、乾燥《かんそう》させて紙のできあがり！

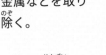

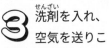

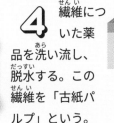

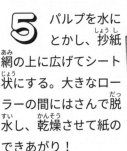

アップサイクル

リサイクルするのは良《よ》いことだが、その過程《かてい》でエネルギーを使う。それより、古いものを利用《りよう》して何か新しいものに生まれ変《か》わらせる方が、ずっと役に立つし、楽しい。古いものに新しい価値《かち》を加《くわ》えて作り変《か》えることを、**「アップサイクル」**という。

捨《す》てる前に想像《そうぞう》のつばさを広げ、新しい使い方を考えてみよう。

中世のよろいや甲冑《かっちゅう》は、何世紀《なんせいき》にもわたって代々使われた。

ペットボトルは、小鳥のエサ入れや植木ばち、じょうごなどいろいろなものに再利用《さいりよう》できる。

中古品を買うのも、再利用《さいりよう》を進めるよい方法だ。地元の中古ショップで、ほしいものが見つかるかもしれない。

物々交換会《ぶつぶつこうかんかい》を開いて、友だちと洋服を交換《こうかん》することもできる。お金をかけずにイメージチェンジしてみたらどうだろう！

余《あま》りぎれを使って、
手作りの三角旗《さんかくき》を作ろう。

ガラスの空《あ》きびんを再利用《さいりよう》しよう

ジャムなどが入っていたガラスの空《あ》きびんは、ペン立てにぴったりだ。コップとして使うこともできるし、ガラス用絵の具で絵を描《か》いて、カラフルなろうそく立てにすることもできる。

オリジナルの包装紙《ほうそうし》

余《あま》った紙や古い布地《ぬのじ》を使って、オリジナルの包装紙《ほうそうし》を作ってみよう。紙や布地《ぬのじ》に、スタンプで模様《もよう》をつけてもいい。スタンプも、消しゴムやジャガイモで手作りできる。

包装紙《ほうそうし》を自分でデザインすれば、贈《おく》り物に特別《とくべつ》な味わいを加えることができる。

贈《おく》り物

新しいものを買う代わりに……

エコバッグがほしい？　それなら古いTシャツを利用《りよう》してアップサイクル！　ちょっとした手間で、素敵《すてき》なバッグを作れる。

必要《ひつよう》なもの：
はさみとTシャツ

はさみは気をつけて使おう。

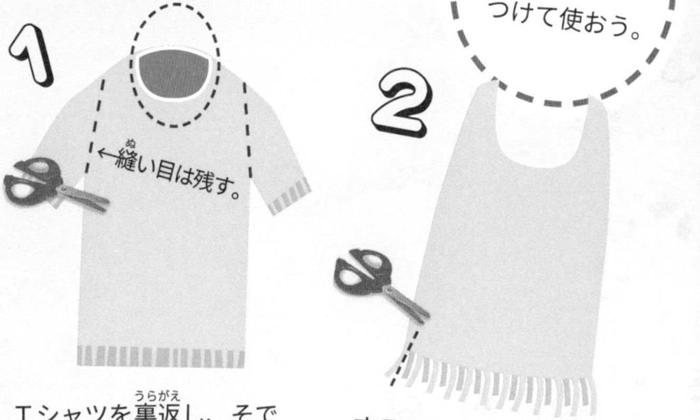

1 Tシャツを裏返《うらがえ》し、そでと首のまわりを切り取る。

2 すそまわりに、長さ5cm、幅《はば》2cmの切れこみを入れ、ふさを作る。

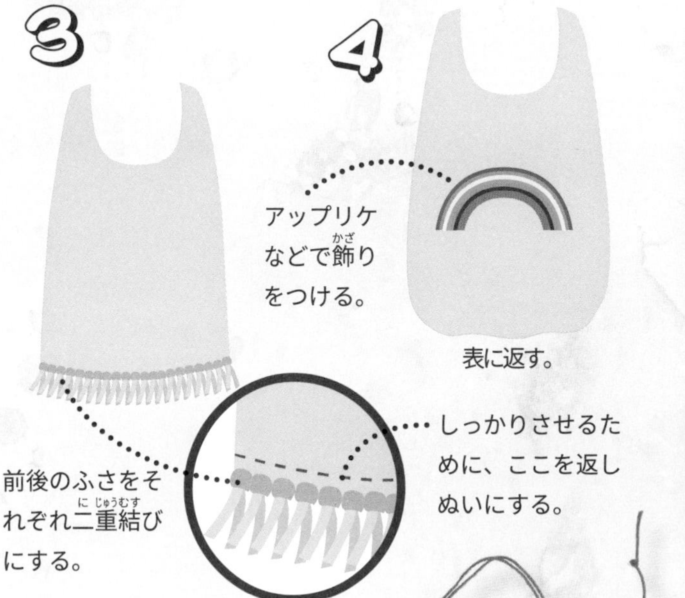

3 前後のふさをそれぞれ二重結《にじゅうむす》びにする。

しっかりさせるために、ここを返しぬいにする。

4 アップリケなどで飾《かざ》りをつける。

表に返す。

裁縫《さいほう》の技術《ぎじゅつ》

60年ほど前までは、学校や家庭で、なんでも自分で作るように教えられたものだ。いまより裁縫《さいほう》ができる人が多かったので、靴下《くつした》や衣《い》類《るい》の穴《あな》やほころびも自分でつくろった。

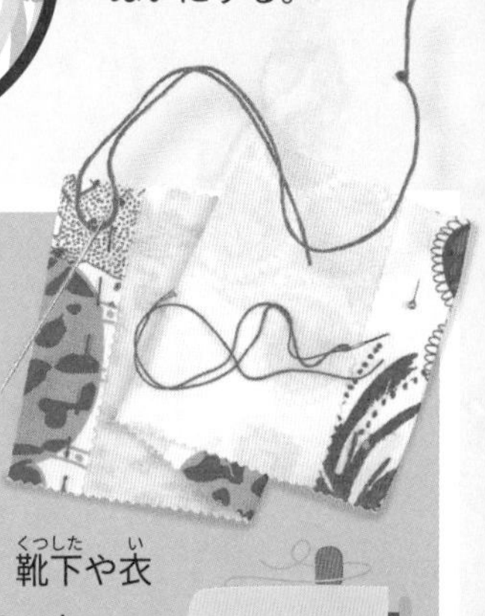

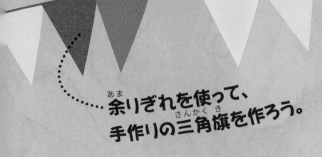

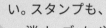

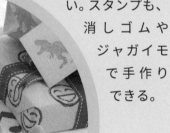

ゴミが……

何かを使い終わっても、モノの命はそれでおしまいではない。世界には、まったく新しい方法でゴミを再利用《さいりよう》している人たちがたくさんいる。パラグアイ共和国最大《きょうわこくさいだい》の埋立処分場《うめたてしょぶんじょう》のある町、カテウラに住む人びとは、ゴミから作った楽器《がっき》を演奏《えんそう》するオーケストラを結成《けっせい》した。

わたしたちにできること？　創造的《そうぞうてき》になることだ！　やればできる！　ゴミを宝物《たからもの》に変身《へんしん》させよう！

宝《たから》物《もの》に

リサイクルオーケストラ

2006年にカテウラ・リサイクルオーケストラを設立《せつりつ》したのは、ファビオ・チャベスさん。30人の団員《だんいん》の子どもたちが使っている楽器《がっき》は、ゴミを寄《よ》せ集めて作ったものだ。ゴミから生まれた楽器《がっき》には、バイオリン、サキソフォン、ドラムなどがある。このオーケストラに刺激《しげき》され、ブラジル、エクアドル、パナマ、アフリカのブルンジ共和国《きょうわこく》でも、同じような活動が始まっている。

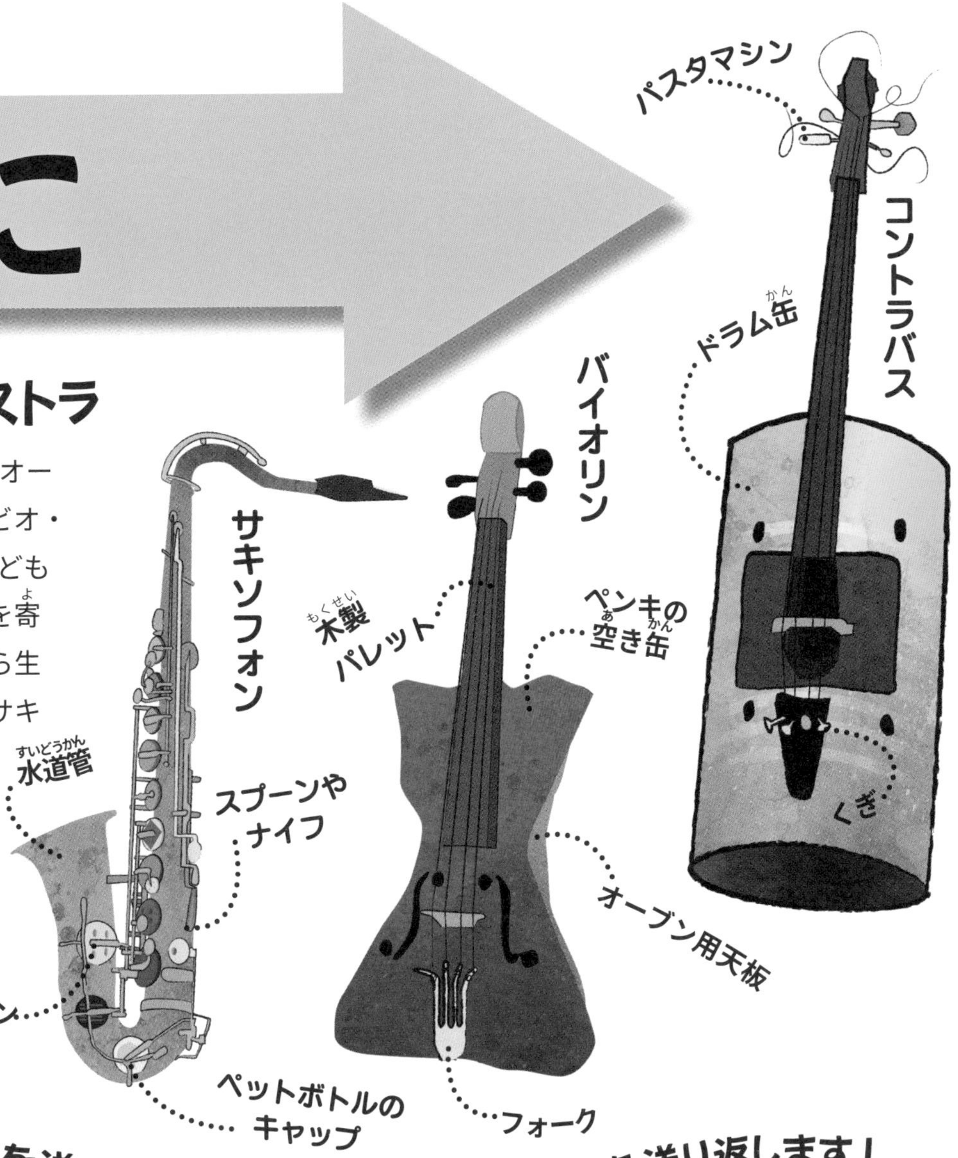
パスタマシン
コントラバス
ドラム缶《かん》
くぎ
バイオリン
ペンキの空《あ》き缶《かん》
木製《もくせい》パレット
オーブン用天板
フォーク
サキソフォン
水道管《すいどうかん》
スプーンやナイフ
ボタン
ペットボトルのキャップ

「世界はわたしたちにゴミを送ってきますが、わたしたちは音楽を送り返します」

古いフォーク
空《あ》き缶《かん》
木製《もくせい》パレット

このオーケストラは、世界じゅうを演奏《えんそう》旅行している。子どもたちは、その体験《たいけん》から多くのことを学び、将来《しょうらい》に生かそうとしている。

ふぞろいの靴下《くつした》で指人形を作ったり、ダンボール箱でロボットの着ぐるみを作ったりしてみよう。

電気・電子機器《きき》のゴミ

お気に入りの電子機器《きき》のことを考えてみよう。古くなったり壊《こわ》れたりしたスマートフォンやタブレットはどうなる？　捨《す》てられたこれらの機器《きき》は、「**電気・電子機器廃棄物《ききはいきぶつ》**」または「**E-waste《イーウェイスト》**」と呼《よ》ばれる。わたしたちが新しい機器《きき》に買《か》い替えるたびに、電気・電子機《き》器《き》のゴミは増《ふ》えていく。

電気・電子機器廃棄物《ききはいきぶつ》の種類《しゅるい》

時計や電話のような小型《こがた》のものや、冷《れい》蔵庫《ぞうこ》やフリーザーのような大型《おおがた》の家電製品《せいひん》などがある。これらはふつうの分《ぶん》別《べつ》ゴミ箱に捨《す》てることはできず、専門《せんもん》のリサイクルセンターで回収《かいしゅう》される。

＊日本では、家電リサイクル法によって、エアコン、テレビ、冷蔵庫《れいぞうこ》・冷凍庫《れいとうこ》、洗濯機《せんたくき》、衣類乾燥機《いるいかんそうき》、パソコンなどは、一般《いっぱん》の廃棄物《はいきぶつ》として出すことはできない。

有害廃棄物《ゆうがいはいきぶつ》

電子機器《きき》の電池には、水銀などの有害物質《ゆうがいぶっしつ》が使われていることもあるので、一般《いっぱん》のゴミといっしょに捨《す》ててはいけない。

WEEEマーク

ＥＵでは、下のようなWEEE（電気・電子機器廃棄物《ききはいきぶつ》）マークがついた製品《せいひん》について、収集《しゅうしゅう》・リサイクル・回収《かいしゅう》の目標《もくひょう》を定めている。

どうやって処分《しょぶん》する？

電子機器《きき》を作る過程《かてい》では、多くのエネルギーが使われている。使い終わったからといって簡単《かんたん》に捨《す》ててしまうと、これらのエネルギーがむだになる。

人にゆずる

新しい機器《きき》に買《か》い替えたけれど、古いものもまだ使える場合、だれか必要《ひつよう》な人にゆずるとよい。

修理《しゅうり》する

もし壊《こわ》れたら、できるだけ修《しゅう》理《り》しよう。液晶《えきしょう》パネルを替《か》えただけで、新品同様になるはずだ！

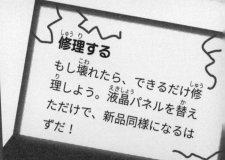

タブレット端末《たんまつ》には何が入っている？

タブレット端末《たんまつ》は非常《ひじょう》に複雑《ふくざつ》だ。多くの種類《しゅるい》の貴金属《ききんぞく》や、イットリウムやガドリニウムのような希少《きしょう》な金属《きんぞく》（レアメタル、レアアース）が、少量《しょうりょう》ずつ使われている。これらの材料《ざいりょう》を取り出して再利用《さいりよう》するのは簡単《かんたん》ではないが、捨《す》てないで再利用《さいりよう》することが大切だ。

タブレット端末《たんまつ》の液晶《えきしょう》画面は、ガラス製《せい》なので壊《こわ》れやすい。ひびが入ったら、画面を取り替《か》えてもらおう。

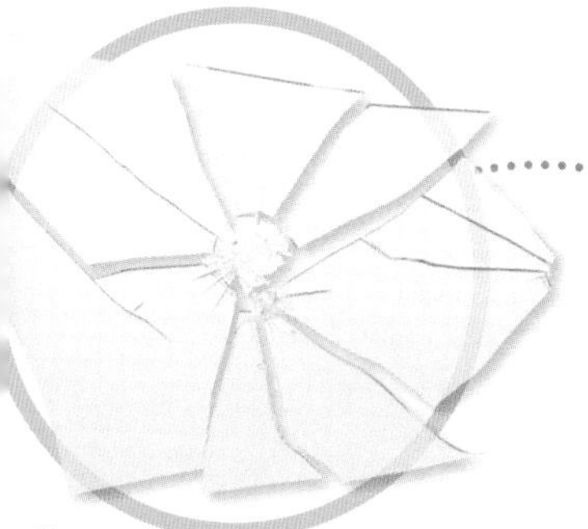

ガラス

充電池《じゅうでんち》に使われることの多いリチウムという金属《きんぞく》は、リサイクルできるが、それにはかなりの費用《ひよう》がかかる。

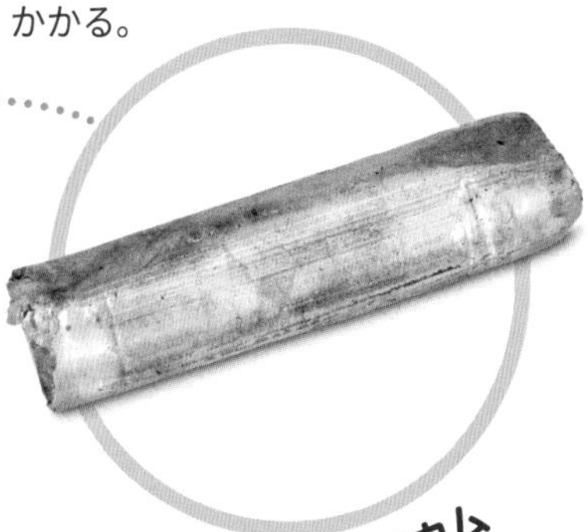

リチウム

銅《どう》

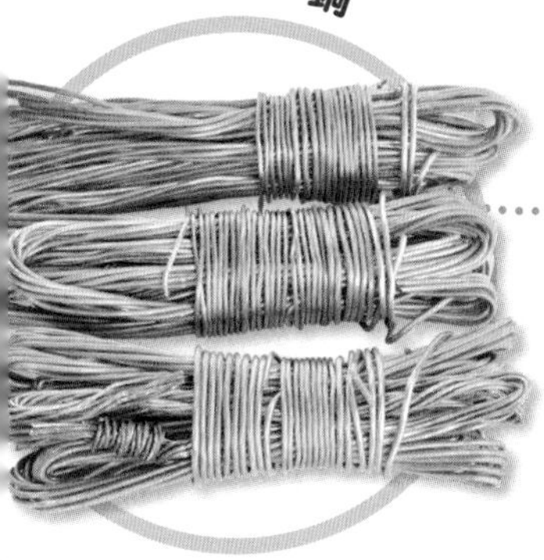

配線《いせん》に使われている少量《しょうりょう》の銅《どう》や金は、高価《こうか》なものなのでリサイクルされることが多い。

プラスチックケース

タブレットを保護《ほご》しているプラスチックのケースは、リサイクルが難《むずか》しい。

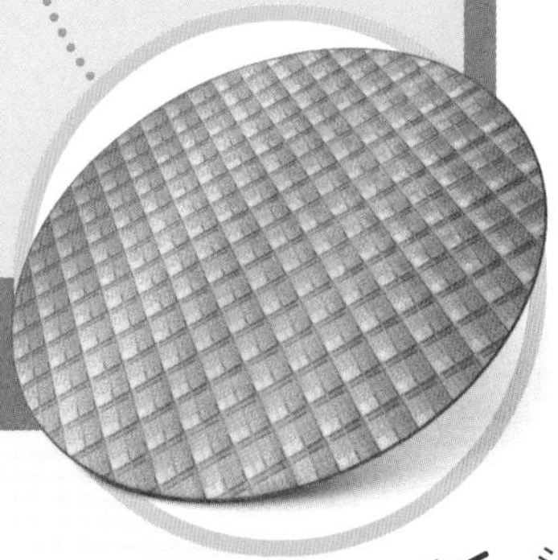

シリコンウエハー

シリコンウエハーは、ソーラーパネルにリサイクルできる。

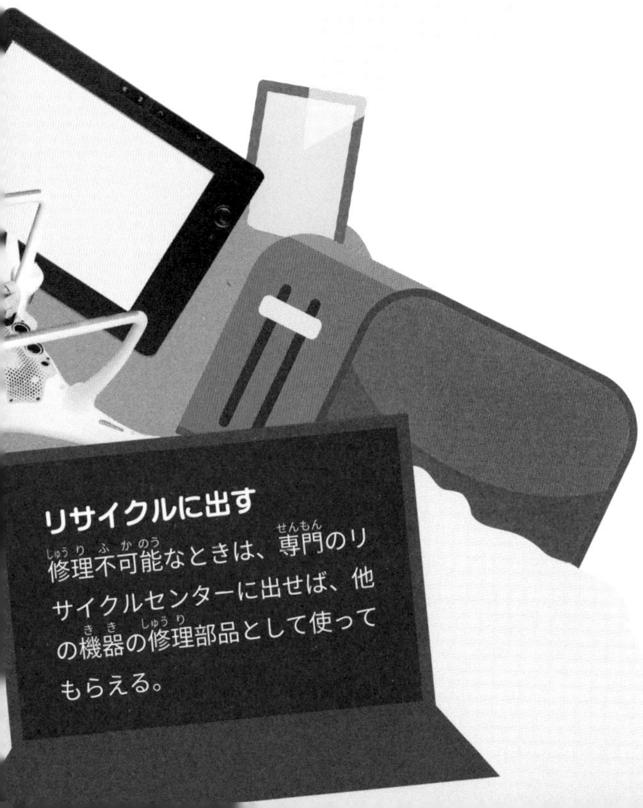

リサイクルに出す

修理不可能《しゅうりふかのう》なときは、専門《せんもん》のリサイクルセンターに出せば、他の機器《きき》の修理《しゅうり》部品として使ってもらえる。

レアメタル、レアアース

携帯《けいたい》電話やノートパソコンなどで使われるリチウムイオン電池に必要《ひつよう》なリチウムは、レアメタルの代表だが、その生産国《せいさんこく》は、チリ、アルゼンチン、中国など数か国にすぎない。レアメタルが貿易戦争《ぼうえきせんそう》の原因《げんいん》になることもある。

食《しょく》品《ひん》廃《はい》棄《き》物《ぶつ》

世界には、食べ物がなくて困《こま》っている人が８億人もいる。その一方で、多くの国では、出荷された食料《しょくりょう》の３分の１近くが廃棄《はいき》されているという。このうち、まだ食べられるのに捨《す》てられてしまうものは「食品ロス」と呼《よ》ばれる。もしこれらの食品を、飢《う》えに苦しむ人たちに届《とど》けることができたら、だれもが十分な食べ物を手に入れられるだろうに。

世界の人口の
９人に１人は
長期間の飢《う》えに
苦しんでいる。

乳製品《にゅうせいひん》の
20%は
廃棄《はいき》される。

肉類《にくるい》の
20%は
廃棄《はいき》される。

シリアルの
30%は
廃棄《はいき》される。

魚貝類《ぎょかいるい》の
30%は
廃棄《はいき》される。

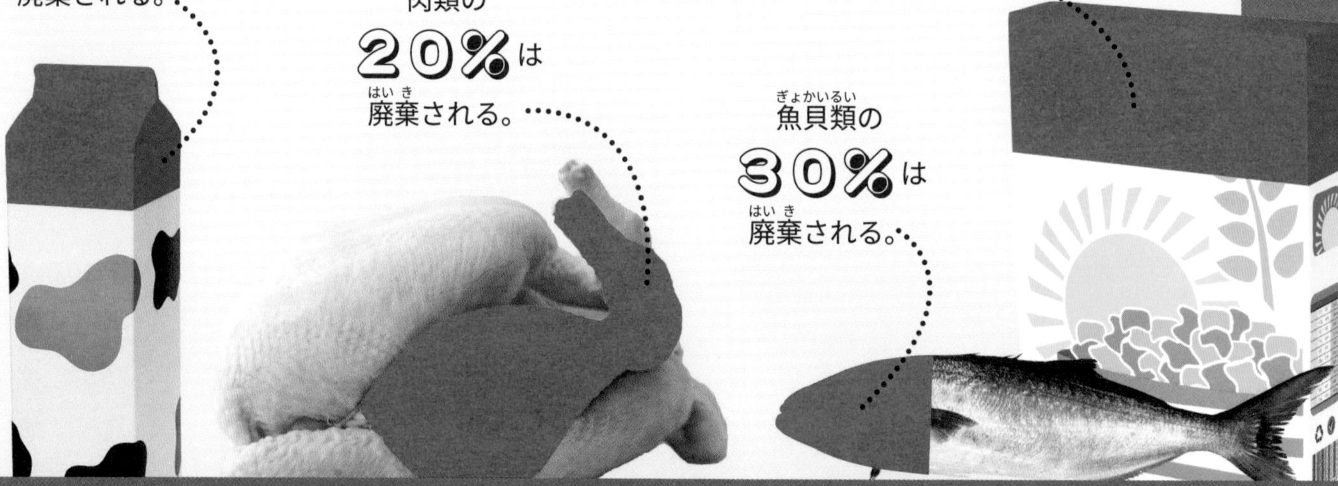

イギリスで生産《せいさん》されるレタスの45%が廃棄《はいき》されているという。

いつ、どこで廃棄《はいき》されるか

食べ物は、畑や工場を出てから、さまざまな段階《だんかい》を経《へ》て、わたしたちの食卓《しょくたく》に届《とど》く。収《しゅう》穫《かく》や貯蔵《ちょぞう》から、加工《かこう》や運搬《うんぱん》まで、どの段階《だんかい》でも食べ物が無駄《むだ》になる可能性《かのうせい》がある。

8%

農作物を収穫《しゅうかく》するとき、野菜《やさい》や果物《くだもの》が農機具《のうきぐ》で傷《きず》ついたり、穀物《こくもつ》が病害虫《びょうがいちゅう》の被害《ひがい》を受けたりして、廃棄《はいき》される。

8%

貯蔵《ちょぞう》中に、肉や生鮮食品《せいせんしょくひん》が傷《いた》んでしまうこともある。食肉用に育てられた家畜《かちく》が病気で死ねば、出荷されずに処分《しょぶん》される。

1.5%

生鮮食品《せいせんしょくひん》を缶詰《かんづめ》やジュース
加工《かこう》するため、切ったり、
をむいたり、ゆでたりする
程《てい》でも、無駄《むだ》が出る。

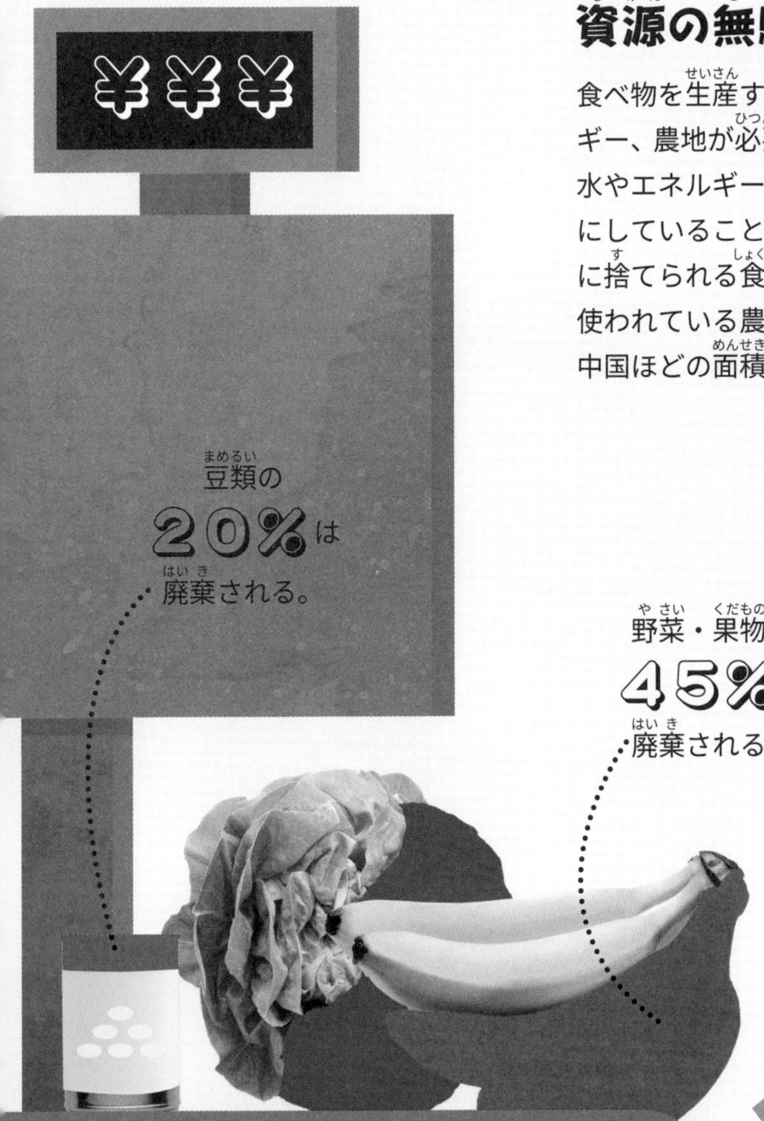

豆類《まめるい》の
20%は
廃棄《はいき》される。

野菜《やさい》・果物《くだもの》の
45%は
廃棄《はいき》される。

資源《しげん》の無駄《むだ》づかい

食べ物を生産《せいさん》するためには、多くの水やエネルギー、農地が必要《ひつよう》だ。だから、食べ物を捨《す》てると、水やエネルギーなどの大切な資源《しげん》を無駄《むだ》にしていることになる。食べられずに捨《す》てられる食料《しょくりょう》を育てるために使われている農地を合計すると、中国ほどの面積《めんせき》になるという。

多くの国で、食品をもっとも無駄《むだ》にしているのは家庭だ。食べ切れないほどの食べ物を、買ったり、料理《りょうり》したり、自分の皿に盛《も》ったりするのはやめよう。

半分近くが捨《す》てられているんだ！

4%

中に積《つ》み荷《に》が落ちたり、
ラック内で食品の鮮度《せんど》が落
しまうことがある。食料《しょくりょう》
は、賞味期限《しょうみきげん》切れの食品
棄する。

11.5%

家庭・学校・レストラン・病院などで食べ残《のこ》したものは捨《す》てられる。

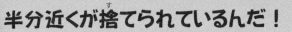

食品ロス

食べ物を皿に取りすぎて、食べ残《のこ》しを捨《す》ててしまったことは、ないだろうか？

多くの国では、家庭で捨《す》てられる食品が、食品ロス全体の約《やく》半分を占《し》める。家庭では、食料品《しょくりょうひん》を買いすぎて、食べる前に腐《くさ》らせてしまうことが多い。でも、このような無駄《むだ》を減《へ》らす方法《ほうほう》はたくさんあるはずだ。

ばら売りの野菜《やさい》

袋《ふくろ》入りの野菜《やさい》や果物《くだもの》は、必要《ひつよう》な個数《こすう》より多く買ってしまうこともある。ばら売りであれば、こうした無駄《むだ》を減《へ》らせる。

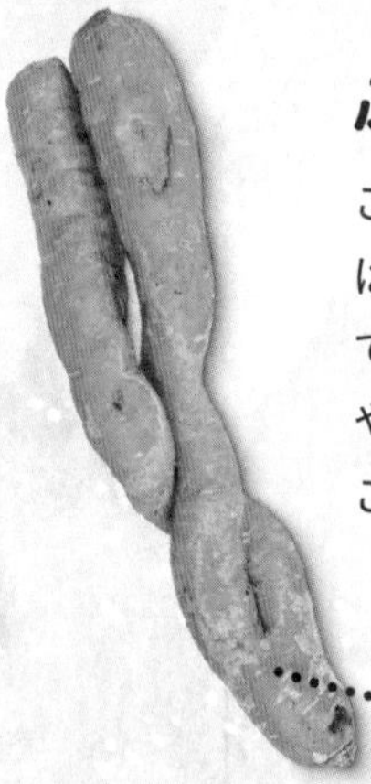

ふぞろい野菜《やさい》

これまで多くのスーパーマーケットでは、形の良《よ》い野菜《やさい》や果物《くだもの》だけが販売《はんばい》されてきた。だが最近《さいきん》では、ふぞろいの野菜《やさい》や果物《くだもの》を安く販売《はんばい》し、味に変《か》わりはないことをアピールしている。

廃《はい》食用油

使用済《す》みの食用油からは、バイオディーゼル燃料《ねんりょう》を作ることができ、すでに公営《こうえい》バスなどで使われている。

コーヒーかす

コーヒーを入れ終わったかすを乾《かん》燥《そう》させて容器《ようき》に入れれば、消臭剤《しょうしゅうざい》として利用《りよう》できる。

バナナブレッド

黒ずんだバナナ

黒ずんだバナナを嫌《きら》う人もいるが、バナナブレッドやアイスクリームの材料《ざいりょう》にするにはうってつけだ。

食べ残《のこ》し

残《のこ》った料理《りょうり》は、容器《ようき》に入れて冷凍庫《れいとうこ》や冷蔵庫《れいぞうこ》で保存《ほぞん》し、別《べつ》の日に食べればいい。

レストランの残飯《ざんぱん》などを、家畜《かちく》のエサにしている国もある。しかしよく火の通っていない食べ物が、家畜《かちく》の病気の原因《げんいん》になる場合があるため、多くの国でこのようなエサは禁止《きんし》された。

一人前の量《りょう》

食べ切れないほどの料理《りょうり》を皿に取るのはやめよう。食べ終わってから、お代わりすればいい。

消費期限《しょうひきげん》と賞味期限《しょうみきげん》

食品の「消費期限《しょうひきげん》」は、安全に食べられる期限《きげん》を示《しめ》すので、期限《きげん》を過《す》ぎたら食べない方がいい。一方、「賞味期限《しょうみきげん》」は、おいしく食べられる期限《きげん》を示《しめ》している。だから、傷《いた》んでさえいなければ、賞味期限《しょうみきげん》を少しぐらい過《す》ぎても十分食べられるのだ。

トーストは、堅《かた》くなったパンをおいしく食べる方法《ほうほう》として始まった！

堅《かた》くなったパン

少し堅《かた》くなったパンは、カビが生《は》えてさえいなければ、パン粉《こ》にできる。肉などと混《ま》ぜれば、ハンバーグやソーセージの材料《ざいりょう》になる。

食べ物の寄付《きふ》

家庭で使わない缶詰《かんづめ》や未開封《みかいふう》の保存《ほぞん》食品は、困《こま》っている人のための無料食堂《むりょうしょくどう》やフードバンクなどのチャリティ団体《だんたい》に寄付《きふ》するといい。

パン粉《こ》

ソーセージ

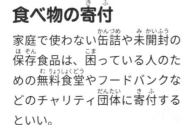

大切な資源《しげん》、水

安全な水が手に入らなくなったら、わたしたちの暮《く》らしはどうなるだろう？ 生きていくために人間は水を飲む。だが、水は飲むためだけでなく、農業や工業など、さまざまな目的《もくてき》で使われている。水は浄化《じょうか》して再利用《さいりよう》できるが、その過程《かてい》で電力が必要《ひつよう》となる。むだなエネルギーを使わないためにも、節水《せっすい》することが大切だ。

水道の蛇口《じゃぐち》から出る水の量《りょう》は、1分間に約《やく》12リットル（全開だと20リットル以上《いじょう》）。歯をみがいたり、顔を洗《あら》ったりしているときは、水を止めるようにしよう。

20年ほど前のトイレは、1回流すと12リットル以上《いじょう》の水が使われたが、いまのトイレは、6リットル以下《いか》のものが多い。レバーに「大」と「小」の表示《ひょうじ》があるなら、「小」のほうが節水《せっすい》できる。

水は、かけがえのない資源《しげん》のひとつだ。地球全体の水の量《りょう》は一定に保《たも》たれているが、水不足《みずぶそく》に悩《なや》む国や地域《ちいき》も多い。

下水

台所や風呂《ふろ》、トイレからの排水《はいすい》は、下水道を通って下水処理場《しょりじょう》で浄化《じょうか》し、河川《かせん》や海に流される。もしも下水を浄化《じょうか》せずに河川《かせん》に流すと、そのなかの有害物質《ゆうがいぶっしつ》や病原菌《びょうげんきん》が、人や動植物に被害《ひがい》をおよぼす可能性《かのうせい》があるし、その量《りょう》が多いと、においのひどい、魚がすめない「死の川」になってしまう。世界には、まだ下水処理設備《しょりせつび》のない国や地域《ちいき》がたくさんある。

藻《も》が大量《たいりょう》に発生すると、水中の植物に日光がとどかなくなる。

農作物を育てるために、大量《たいりょう》の水が使われている。農作物を輸入《ゆにゅう》すると、水もいっしょに輸入《ゆにゅう》したことになる。

乳牛《にゅうぎゅう》が１日に飲む
水の量《りょう》は、
100リットル
以上《いじょう》だ。

日本の風呂《ふろ》の水の使用量は180リットル。
毎回お湯を捨《す》ててしまう欧米《おうべい》の風呂《ふろ》よりも、節水《せっすい》になっている。

工業用水

工場では、化学薬品を薄《うす》めたり、製品《せいひん》を洗浄《せんじょう》したり、機械《きかい》を冷《ひ》やしたりするために、大量《たいりょう》の水が使われている。また水は、化学薬品、食品、紙などの原《げん》材料《ざいりょう》としても使われる。このような工業用水の確保《かくほ》も、わたしたちにとって重要《じゅうよう》だ。

アメリカでは、市街地《しがいち》に供給《きょうきゅう》される上水道の**60%**が、芝生《しばふ》の水やりに使われているという。天水おけに雨水をためて使えば、節水《せっすい》になるはずだ。

自動車工場では、塗装前《とそうまえ》に、大きなタンクの水のなかで車体を洗《あら》う。

巨大《きょだい》なダムから流れ落ちる水の力で発電する。

水のエネルギーと発電

波の上下運動、海流、潮《しお》の満《み》ち干《ひ》、ダムから落ちる水など、水が動くときのエネルギーはすべて発電に利用《りよう》されている。ノルウェーでは、消費《しょうひ》電力の 80%を水力発電でまかなっている。（＊日本は約《やく》10 パーセント）

世界では、**9人に1人**が安全な水を手に入れられないという。ユニセフは、寄《き》付金《ふきん》を募《つの》り、上水道のない国で、安全な水を確保《かくほ》するための井戸《いど》を掘《ほ》る活動をしている。

ウンチはどこへ行く？

生き物はみんな、ウンチをする。これは生きていくために必要《ひつよう》な体のはたらきだ。自然界《しぜんかい》では、「分解者《ぶんかいしゃ》」と呼《よ》ばれる小さな生き物や菌類《きんるい》が、動物のウンチなどの有機物《ゆうきぶつ》を食べて分解《ぶんかい》し、植物の養分《ようぶん》となる無機物《むきぶつ》にしている。でも、わたしたち人間には、家や街《まち》からウンチを片《かた》づけるための仕組みが必要《ひつよう》だ。さもないと、町じゅうにウンチがあふれてしまう。

トイレを流す

わたしたちがトイレを流すと、おしっこやウンチは水といっしょに、排水管《はいすいかん》を通り、街《まち》の下を流れる太い下水《げすい》道管《どうかん》へと流される。

オイルボール

オイルボールは、下水に流された食用油やウェットティッシュなどが、下水道管のなかで大きなボール状《じょう》に固《かた》まったもので、詰《つ》まりの原因《げんいん》となる。

世界の人口の**3人に1人**は、衛生的《えいせいてき》なトイレを使えない。

動物のウンチ

ペットの動物もウンチをする。飼《か》い主《ぬし》は、病原菌《びょうげんきん》が広まったり、家のなかがくさくなったりしないよう、ウンチをきちんと処理《しょり》する責任《せきにん》がある。

イヌのウンチ

イヌのウンチは、人間やほかの動物に害《がい》をおよぼすこともあるので、専用《せんよう》のフン袋《ぶくろ》などに入れ、自治体《じちたい》の規《き》則《そく》にしたがって、きちんと始末《しまつ》しよう。

ゴミを除去《じょきょ》する

下水は、下水処理場《しょりじょう》に運ばれ、きれいになるまで処理《しょり》される。まず、沈砂池《ちんさち》と呼《よ》ばれる大きな水槽《すいそう》に通され、大きなゴミや石・砂《すな》などが取り除《のぞ》かれる。

下水処理場《しょりじょう》

トイレに流すべきでなかった紙おむつなどは、まず「沈砂池《ちんさち》」で取り除《のぞ》かれる。下水のなかにレンガや空きびんなどの大きなゴミが見つかることもある。

第二沈殿池《ちんでんち》
善玉微生物《ぜんだまびせいぶつ》

汚《よご》れを分解《ぶんかい》させる

「第一沈殿池《ちんでんち》」では、下水をゆっくり流し、沈砂池《ちんさち》で取り除《のぞ》けなかった細かい汚《よご》れを沈殿《ちんでん》させる。次に「反応《はんのう》タンク」に入れ、汚《よご》れ（悪玉細菌《あくだまさいきん》）を食べてくれる善玉微生物《ぜんだまびせいぶつ》と、微生物《びせいぶつ》の活動を活発にさせるために空気を送りこんで、汚《よご》れを沈《しず》みやすくする。

汚泥《おでい》

水をさらにきれいに

「第二沈殿池《ちんでんち》」では、反応《はんのう》タンクでできた微生物《びせいぶつ》と汚《よご》れのかたまり（汚泥《おでい》）を、ゆっくりと時間をかけて沈殿《ちんでん》させ、上澄《うわず》みと分離《ぶんり》させる。上澄《うわず》みの水（処理水《しょりすい》）は、消毒《しょうどく》してから放流される。

汚泥《おでい》

きれいになった水（処理水《しょりすい》）は、川や海に放流される。

汚泥《おでい》の処理《しょり》

下水処理《しょり》をしたあとに堆積《たいせき》した汚泥《おでい》は、栄養分《えいようぶん》を含《ふく》んでいるので、肥料《ひりょう》として使われることが多い。また、汚泥《おでい》を焼却《しょうきゃく》し、残った灰《はい》をコンクリートなどの建材《けんざい》に利用《りよう》することもある。

ネコのウンチ

飼《か》いネコは、猫砂《ねこすな》を入れたトレーでウンチをする。粘土《ねんど》やシリカゲルの猫砂《ねこすな》ではなく、燃《も》やすことのできる木質《もくしつ》ペレットや再生紙《さいせいし》でできたものを使おう。

自然界では

糞虫《ふんちゅう》と呼《よ》ばれるコガネムシの仲間《なかま》は、哺《ほ》乳動物《にゅうどうぶつ》のウンチを食べる。糞玉《ふんだま》を作り、ころがして巣穴《すあな》に運びこみ、そのなかに卵《たまご》を産む糞虫《ふんちゅう》もいる。

アメリカをはじめとする多くの国では、ニワトリの糞《ふん》を、肉牛を育てるための飼料《しりょう》として使っている。

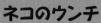

さまざまな廃棄物《はいきぶつ》

ゴミを出すのは家庭だけではない。工場や病院などからも大量《たいりょう》の廃棄物《はいきぶつ》が出る。その多くは、焼却《しょうきゃく》されるか、埋立処分場《うめたてしょぶんじょう》に送られるか、あるいは、リサイクルされる。だが人間や動物、環《かん》境《きょう》に被害《ひがい》をおよぼさないために、特別《とくべつ》な処理《しょり》が必要《ひつよう》な廃棄物《はいきぶつ》もある。

工場

工場で自動車や電子機器《きき》などの製品《せいひん》を作るときにも、さまざまな廃棄物《はいきぶつ》が出る。そのなかには、酸《さん》や漂白剤《ひょうはくざい》などの化学薬品や、金属《きんぞく》くず、危険《きけん》な汚染水《おせんすい》なども含《ふく》まれる。

発電所・化学工場

発電所や化学薬品の工場からは、放射《ほうしゃ》性物質《せいぶっしつ》をふくむ、非常《ひじょう》に危険《きけん》な廃棄物《はいきぶつ》が出ることがある。人間や環境《かんきょう》に被害《ひがい》をあたえないよう、これらの処理《しょり》には細心の注意が必要《ひつよう》だ。

建設《けんせつ》・解体《かいたい》工事

ビルの建設現場《けんせつげんば》や解体《かいたい》工事では、鉄やガラス、レンガやコンクリート、木材《もくざい》やタイルなど、多くの廃棄物《はいきぶつ》が出る。

農業・林業・漁業《ぎょぎょう》

農作物、材木、魚……形が悪かったり、大きさが不ぞろいだったり、傷《いた》んでいたりなど、規格《きかく》に合わず売り物にならないものは、ゴミになる。

鉱山《こうざん》・採石場《さいせきじょう》

金や銀、銅や鉄、レアメタルなど、人間が必要《ひつよう》とする金属《きんぞく》を採取《さいしゅ》するときには、不要《ふよう》な土砂《どしゃ》や岩石、薬品や汚水《おすい》などの廃棄物《はいきぶつ》が大量《たいりょう》に出る。

市町村

町をきれいに保《たも》つための作業をすると、たくさんの廃棄物《はいきぶつ》が出る。道路清《せい》掃《そう》で集めたゴミや落ち葉、公園から出る剪定《せんてい》した枝《えだ》や芝《しば》などだ。

医療機関《いりょうきかん》

病院や診療所《しんりょうじょ》では、治療《ちりょう》に使われた薬品や注射器《ちゅうしゃき》などの医療器具《いりょうきぐ》、血液《けつえき》のついた布《ぬの》や綿《わた》など、処理《しょり》に注意を要《よう》する廃棄物《はいきぶつ》が出る。

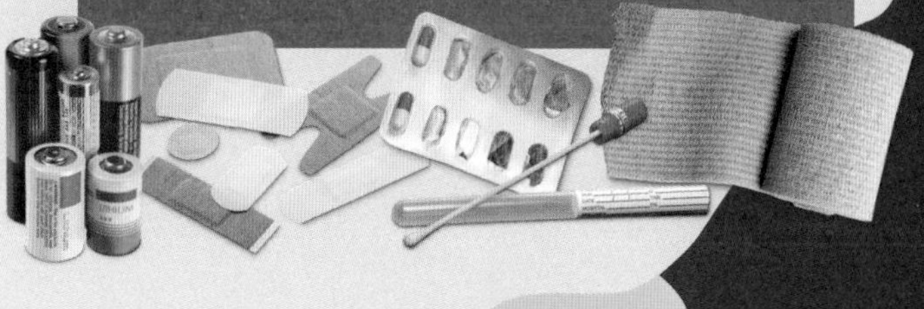

店舗《てんぽ》

お店から出るゴミの多くは、商品の輸送《ゆそう》や販売《はんばい》のときに使われた梱包材《こんぽうざい》や包装材《ほうそうざい》と、売れ残りや売り物にならなくなった商品だ。

世界の廃棄物《はいきぶつ》の
10%は
家庭から出る。

そのほかの
90%の廃棄物《はいきぶつ》は、
家庭以外《いがい》から出る。

ファッションと環境《かんきょう》

わたしたちが着ている衣類《いるい》は、どうやって作られ、古くなったらどうなるのだろうか？

地球上では、毎日たくさんの衣類《いるい》が捨《す》てられているが、人にあげたり、リサイクルして他のものに作りかえたりできるはずだ。

衣類《いるい》を作るために使われた素材《そざい》や染料《せんりょう》が、環《かん》境《きょう》に被害《ひがい》をあたえることもある。

綿《めん》のワイシャツを1枚《まい》作るには、3,182リットルの水が必要《ひつよう》だ。

合成繊維《ごうせいせんい》

ポリエステルやフリースのような合成繊維《ごうせいせんい》は、繊維状《せんいじょう》のプラスチックだ。洗濯《せんたく》したときに出る糸くずは、マイクロプラスチックとなり、海洋汚染《おせん》の原因《げんいん》となる。

毛皮

キツネやウサギ、ミンクなど、本物の動物の毛皮を使った衣類《いるい》もある。

皮革《ひかく》（レザー）

皮革《ひかく》は、動物の皮に「なめし加工」をして柔軟性《じゅうなんせい》や耐久性《たいきゅうせい》を高めたものだ。なめしに使う化学薬品が、そのまま工場から流されると、環境《かんきょう》が汚染《おせん》される。

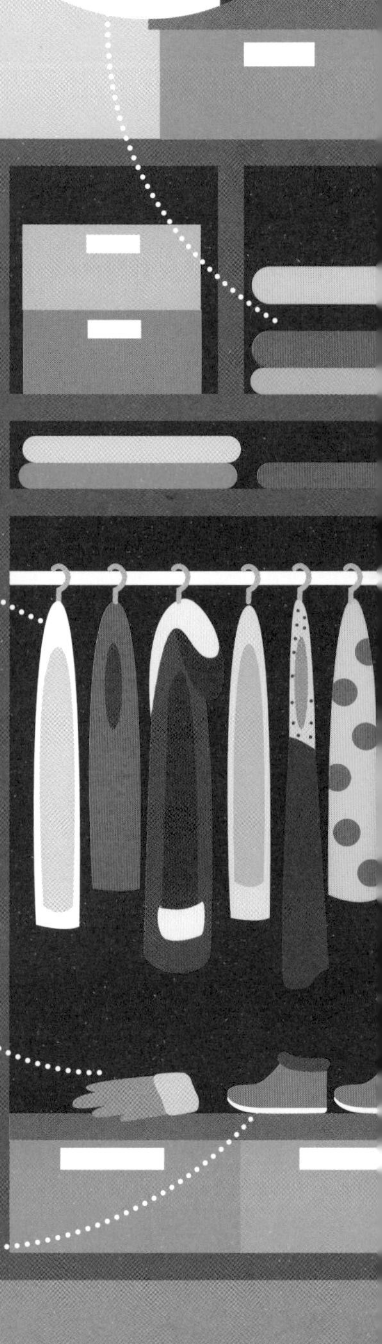

化学染料《かがくせんりょう》

染色《せんしょく》工場では大量《たいりょう》の水を使うが、世界には排水《はいすい》をそのまま河川《かせん》に流す工場があり、環境汚《かんきょうお》染《せん》の原因《げんいん》になっている。

男の子の色　女の子の色？

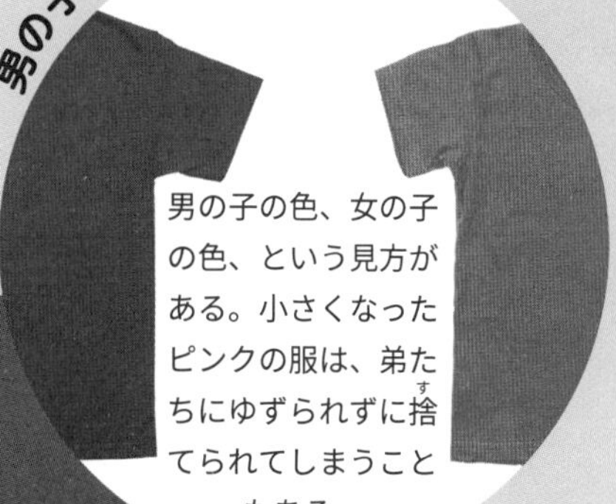

男の子の色、女の子の色、という見方がある。小さくなったピンクの服は、弟たちにゆずられずに捨《す》てられてしまうこともある。

靴《くつ》が完全《かんぜん》に分解《ぶんかい》して自然《しぜん》に帰るまでには、1000年かかる。

ファストファッション

今日《こんにち》、多くの衣類《いるい》が、人件《じんけん》費《ひ》の安い国の工場で大量《たいりょう》に作られている。かんたんに安く作れるので、売っている値段《ねだん》も安い。「安くておしゃれ」と人気がある一方で、人びとはたくさんの服を気軽に買って、使い捨《す》てるようになった。

エシカル・ファッション

農薬を使っていない綿《めん》で作られたジーンズなど、環《かん》境《きょう》や社会問題のことを考えたファッションのことをエシカル（倫理的《りんりてき》な）・ファッションという。

流行の服

流行の服を買って、ほとんど着ないで捨《す》てたり、タンスに入れたままにしてしまう人も多い。

直径1センチから数メートルの宇宙《うちゅう》ゴミが50万個《こ》も、地球のまわりを回り続けている。

宇宙《うちゅう》のゴミ拾い
宇宙《うちゅう》ゴミを回収《かいしゅう》するための人工衛星《えいせい》も開発されている。将来《しょうらい》は、衛星《えいせい》に網《あみ》を取り付けて宇宙《うちゅう》ゴミを集め、大気圏《たいきけん》に突入《とつにゅう》させて燃《も》やすようになるかもしれない。
2017年には、宇宙《うちゅう》ゴミがほかの物体と衝突《しょうとつ》しそうになるという事態が、記録されているだけで308,984回あった。宇宙《うちゅう》ゴミが増《ふ》えれば、将来《しょうらい》の宇宙《うちゅう》旅行は危険《きけん》なものになる。

宇宙《うちゅう》ゴミ（スペースデブリ）

人間がゴミをまき散らしているのは地球上だけではない。宇宙《うちゅう》にもゴミを残してきているのだ。使用済《ず》みの人工衛星《えいせい》から、宇宙《うちゅう》飛行士が落とした手袋《てぶくろ》や宇宙船《うちゅうせん》からはがれた塗装《とそう》のかけらまで、何十万個《こ》もの宇宙《うちゅう》ゴミが、地球のまわりを回っている。ゴミは秒速８キロメートルという猛《もう》スピードで動いており、もし宇宙船《うちゅうせん》と衝突《しょうとつ》したら、その衝撃《しょうげき》はすさまじい。

大きな宇宙《うちゅう》ゴミ

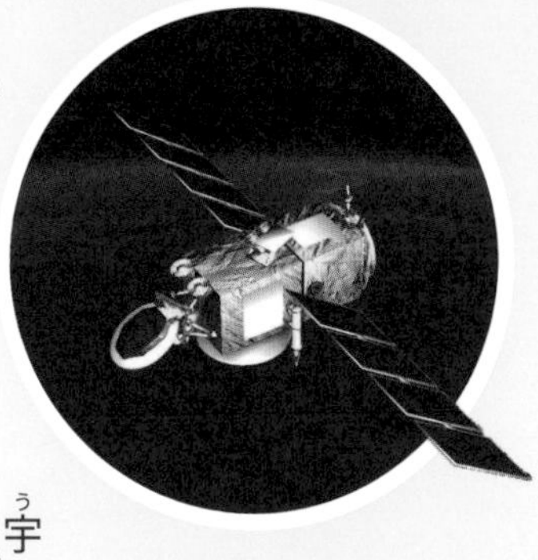

使用済《ず》みロケットのような大きな宇宙《うちゅう》ゴミは、宇宙船《うちゅうせん》との衝突《しょうとつ》を避《さ》けるために、記録して進路を追跡《ついせき》しなければならない。2018年に進路を追跡《ついせき》した宇《う》宙《ちゅう》ゴミは、20,000個《こ》以上あった。

国際宇宙《こくさいうちゅう》ステーション（ISS《アイ・エス・エス》）

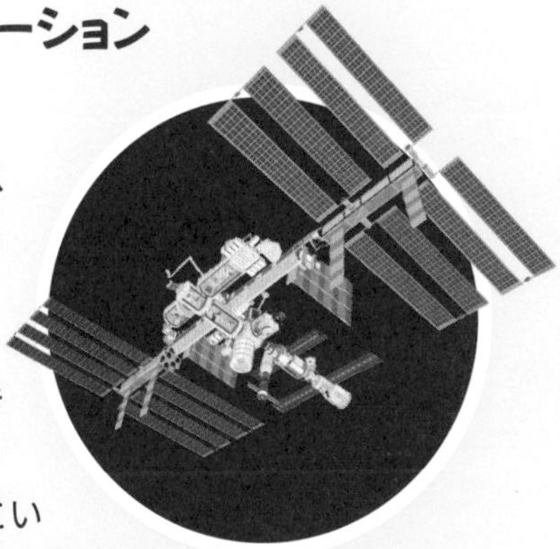

巨大《きょだい》な国際宇宙《こくさいうちゅう》ステーション（ISS）は、宇宙《うちゅう》ゴミとの衝突《しょうとつ》を避《さ》けるために進路を大きく変えることが、年に１度はあるという。宇宙《うちゅう》ゴミが増《ふ》えれば、ISSの操縦《そうじゅう》はもっと難《むずか》しくなるだろう。

小さな宇宙《うちゅう》ゴミ

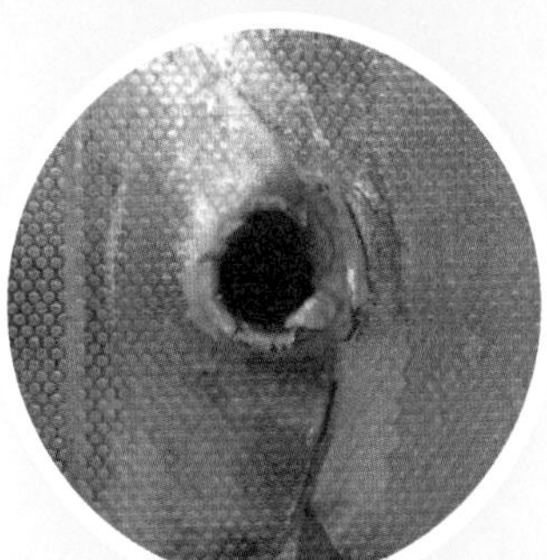

小さな宇宙《うちゅう》ゴミは「飛ぶ弾丸《だんがん》」と呼《よ》ばれる。実際《じっさい》、ライフル銃《じゅう》の銃弾《じゅうだん》と同じ重さ５グラムの宇宙《うちゅう》ゴミがあたえる衝撃《しょうげき》は、ライフル銃《じゅう》の100倍にもなる。こんなゴミがぶつかったら、宇宙船《うちゅうせん》はひとたまりもない。

地球の未来

2018 年の世界の人口は 76 億人だが、2050 年までには 100 億人に達するといわれている。

未来の人たちにどんな地球を残したいか、それを決めるのはわたしたちだ。いまの習慣《しゅうかん》を改めて、地球上にあふれたゴミをきれいにするか？　それともこのまま汚染《おせん》し続けるか？

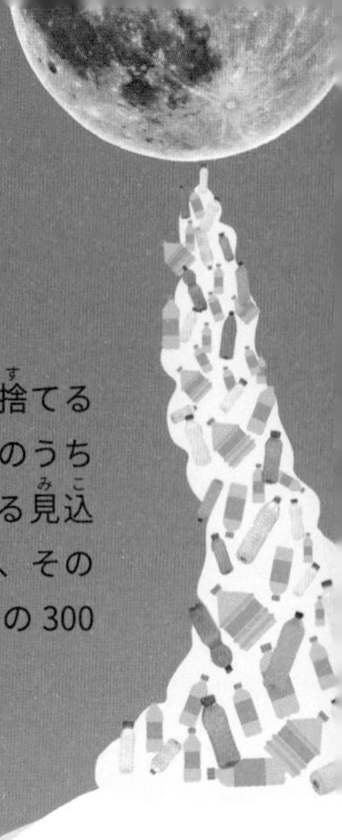

プラスチック

わたしたちが１年間に捨《す》てるペットボトルは、数年のうちに 6000 億本以上になる見込《みこ》みだ。たてに並《なら》べると、その長さは地球と月の距離《きょり》の 300 倍以上にもなる。

海洋

たとえば、プラスチックの代わりに、海草から作られた包装材《ほうそうざい》を使えば、海の魚が食べても安心だ。

森林破壊《しんりんはかい》

もし人間が、いまのペースで木を伐採《ばっさい》し続けたならば、100 年以内に、熱帯雨林は消滅《しょうめつ》するだろう。多くの美しく貴重《きちょう》な生き物たちが絶滅《ぜつめつ》してしまうかもしれない。

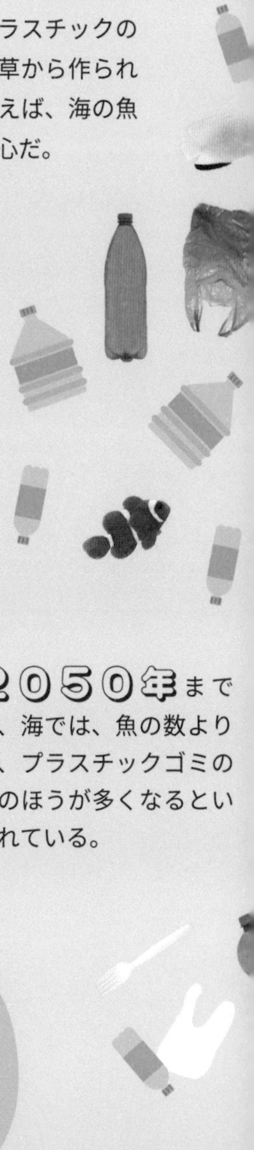

２０５０年までに、海では、魚の数よりも、プラスチックゴミの数のほうが多くなるといわれている。

ゴミでいっぱいの地球

わたしたちがいまのペースで埋立処分《うめたてしょぶん》場《じょう》にゴミを捨《す》て続けたら、そのゴミの山はエジプトのピラミッドよりも高くなるだろう。観光客が飛行機で世界旅行をしながらゴミの山を見物するところを、想像《そうぞう》してごらん。

先進国の市民１人が生み出す温室効果《こうか》ガスは年間約 10 トンで、その結果、30 平方メートルの北極海の夏の海氷がとける。

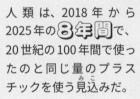

北極海の氷

もし地球温暖化《おんだんか》が進んで、北極海の氷がとけ続けたら、海面が数メートル上昇《じょうしょう》し、モルディブのような海抜《かいばつ》の低い国は、海に沈《しず》んでしまうだろう。

電子機器廃棄物《はいきぶつ》

スマホに使われている金の量は、１台あたり、約 0.03 グラムと少量だ。だがスマホは年間 14 億台出荷されるので、使われる金の量は４トン以上にもなる。

人類は、2018 年から 2025 年の**８年間**で、20 世紀の 100 年間で使ったのと同じ量のプラスチックを使う見込《みこ》みだ。

エネルギー源《げん》

地球上の化石燃料《ねんりょう》は、いつか使いつくされてなくなる。つまり、人類は、再生可能《さいせいかのう》エネルギーなど、ほかのエネルギー源《げん》を開発する必要がある。

クリーンな未来

わたしたちが、いまからでも行動を改めれば、未来を変えることができるはずだ。廃棄物処理技術《はいきぶつしょりぎじゅつ》はつねに進歩し続け、科学者や技術者《ぎじゅつしゃ》たちは、ゴミの減量化《げんりょうか》やリサイクルの新しい方法をさがしている。

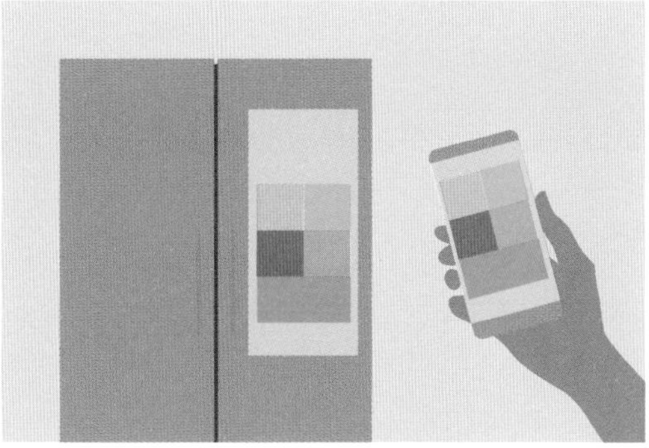

スマート冷蔵庫《れいぞうこ》　未来の冷蔵庫《れいぞうこ》は、なかに入っている食品の消費期限《きげん》を知らせてくれ、料理の作り方まで教えてくれるかもしれない。

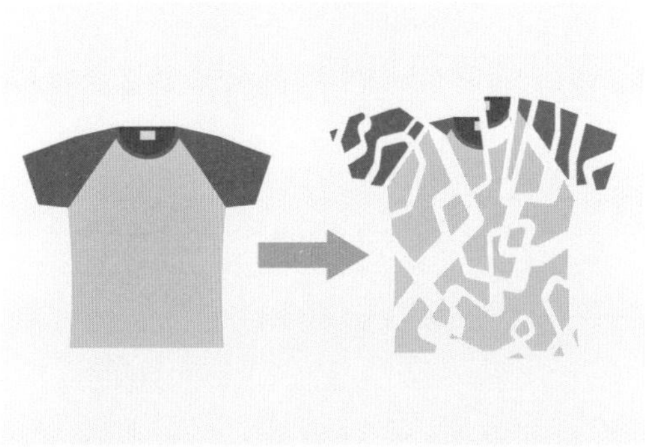

土に還《かえ》る服　麻《あさ》や羊毛などの天然繊維《せんい》のように、微生物《びせいぶつ》によって分解《ぶんかい》される合成繊維《せんい》が発明されるかもしれない。

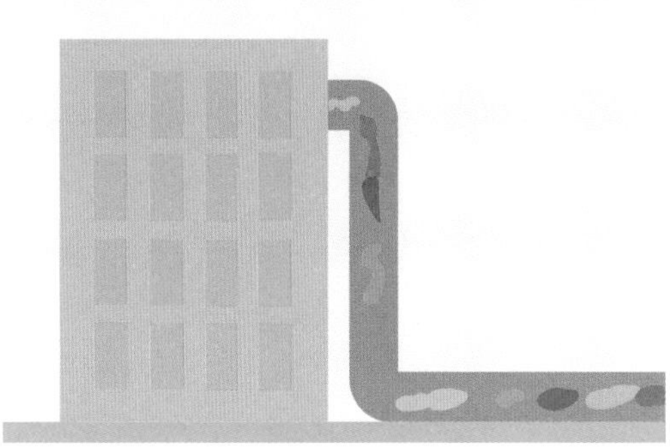

ダストシュート　将来《しょうらい》は、家やオフィスとゴミ分別《ぶんべつ》センターを直接《ちょくせつ》つなぐダストシュートが発明され、排気《はいき》ガスを出すゴミ運搬車《うんぱんしゃ》は必要なくなるかもしれない。

わたしたちにできること

学校で行動を起こす

ゴミを減《へ》らすために、学校で何かできないか、先生にたずねてみよう。図工の時間に、使用済《ず》みの紙やはがきを使えるかもしれない。校庭でたい肥《ひ》を作って花壇《かだん》や菜園の肥料《ひりょう》にしたり、バザーで古着を売ったりしてもいい。学校の集会で、ゴミ問題について、みんなに訴《うった》えることもできる。

政治家《せいじか》にメールを送る

政治家《せいじか》は、店でのレジ袋《ぶくろ》配《はい》布《ふ》を禁《きん》止《し》するといった、ゴミに関する法律《ほうりつ》をさだめる仕事に携《たずさ》わっている。地方や国の議員に、手紙やメールで、環境《かんきょう》保《ほ》護《ご》を進めるようにうったえてみよう。

君たちには、未来を変える力がある。

「プラなし生活」をめざそう

まず自分の家から出るプラスチックゴミを１週間集める。１週間後、ゴミをひとつひとつ点検《てんけん》して、プラスチックの代わりにほかのものを使えないか、リサイクルできないか、考えてみよう。こうしてゴミを減《へ》らす努力を重ねれば、「プラなし生活」が実現できるはずだ。

ゴミ拾いの活動を始めよう

学校の仲間と、海岸や公園など公共の場所で、できるだけ多くのゴミを拾う活動を始めてみよう。変わったゴミを見つける競争をしてもいい。危険《きけん》なゴミを見つけたら、大人に頼《たの》んできちんと処理《しょり》してもらおう。

参考になるウェブサイト

ゴミ問題、3R（リデュース、リユース、リサイクル）、大気や水の汚染《おせん》、プラスチック問題など、環境についてのウェブサイトを紹介します。

FoE Japan

環境保護の活動を行っている国際環境 NGO「Friends of Earth (FoE)」日本支部。75 か国に支部がある。

https://www.foejapan.org/

CGER eco 倶楽部《くらぶ》

見て、読んで、試して！ 楽しみながら地球環境を考えるページです。

https://www.cger.nies.go.jp/ja/ecoclub/

みるみるわかる Energy

発電方法の種類とその内訳《うちわけ》が理解しやすいサイトです。

https://www.sbenergy.jp/study/illust/

WWFジャパン

自然環境や野生生物を、公害や森林破壊《はかい》から守る活動をしている世界的な慈善《じぜん》団体。

https://www.wwf.or.jp/

Kids 環境 ECO ワード

環境問題について、分野別にわかりやすく紹介されている。

https://eco-word.jp/index.html

なるほどSDGs

日本と世界のゴミ問題の現状、その原因と対策を順を追って説明する。

https://naruhodosdgs.jp/garbage/

こども環境省

環境省の取り組みについて説明した子ども向けサイト。

https://www.env.go.jp/kids/

わたしたちの生活と大気環境

わたしたちの生活と大気中の環境との関係をわかりやすく紹介します。

https://www.erca.go.jp/yobou/taiki/kids/aozora/index.html

プラスチックフリージャパン

プラスチック製品をなるべく使わない生活、暮《く》らしをめざす運動組織。

https://plasticfreejapan.org/

環境リサイクル学習

小学生向け、中学生以上向け、世界のゴミの紹介のページがある。

http://www.cjc.or.jp/

海と日本PROJECT

「海を未来に引き継《つ》ごう」全国の海に関するイベント情報を紹介。

https://uminohi.jp/eventinfo/

下水処理施設の動画

下水処理のしくみとその施設を、順を追って動画で紹介する。

https://www.gesui.metro.tokyo.lg.jp/business/b4/web/

PETボトルリサイクル推《すい》進《しん》協議会

PETボトルの種類や用途、リサイクルについて、わかりやすく紹介。

https://www.petbottle-rec.gr.jp/

食品ロス・食品リサイクル

農林水産省の食品ロスと食品リサイクルについてくわしく書かれている（大人向き）。

https://www.maff.go.jp/j/shokusan/recycle/syoku_loss/

一般社団法人エシカル協会

エシカルと、エシカル消費について、わかりやすく紹介。

https://ethicaljapan.org/

地球環境をみんなで考えよう

日本と世界のゴミ問題の現状、その原因と対策を順を追って説明する。

https://www.youtube.com/watch?v=pCV70JNbuuU

食品ロスポータルサイト

日本の食品ロスについて、現状と対《たい》策《さく》などの情報を発信している環境省のページ。

https://www.env.go.jp/recycle/foodloss/

パラグアイのリサイクルオーケストラの動画

本書45ページの子どもたちの実際の演奏《えんそう》などが見られる。

https://www.youtube.com/watch?v=4D9Y4WFFcSw

★URLは、本を発行した当時のもので、その後リンクが切れているかもしれません。

用語《ようご》解説《かいせつ》

埋立処分場《うめたてしょぶんじょう》

リサイクルや焼却《しょうきゃく》ができないゴミを、土のなかに埋《う》めて処分《しょぶん》する場所。最終処分《さいしゅうしょぶん》場《じょう》とも呼《よ》ばれる。

SDGs《エス・ディー・ジーズ》(持続可能《じぞくかのう》な開発目標)

「Sustainable Development Goals」の頭文字で、貧困《ひんこん》、健康、平等、気候変動など、世界がかかえている問題について、2030年までに達成する17の目標をさだめたもの。「持続可能《じぞくかのう》な」とは、将《しょう》来《らい》にわたってよい状態《じょうたい》で続けていけるようにということで、「開発目標」とは、よい形になるように変え、広げていきながら、目ざすゴールということ。SDGsは、2015年、国連で、150を超《こ》える国々のリーダーによって約束された。

エネルギー

物体が持っている、なんらかの「仕事」をする力。熱《ねつ》、光、運動、音、水、電気などさまざまな形を取る。

オゾン層《そう》

地球の大気圏《たいきけん》の上空、高度25キロメートルほどにあって、オゾンという気体が多くふくまれる層《そう》。生物にとって有害《ゆうがい》な、太陽からの紫外線《しがいせん》を吸収《きゅうしゅう》し、地表にとどくのを防《ふせ》いでいる。フロンガスなどの影響《えいきょう》でこの層《そう》に穴《あな》があくと、地上にとどく紫外線《しがいせん》の量《りょう》が増《ふ》える。

温室効果《こうか》ガス

温室のように地球のまわりをおおい、地球から熱《ねつ》が出ていくのをさまたげる気体。水蒸気《すいじょうき》、二酸化炭素《にさんかたんそ》、フロンガスなどがあり、適度《てきど》には必要だが、多すぎると地球温暖化《おんだんか》の原因《げんいん》となる。

化石燃料《ねんりょう》

石炭、石油など、何億《おく》年も前の生物が地中で変化《へんか》してできた燃料《ねんりょう》。その量《りょう》には限《かぎ》りがあり、いまのまま使い続《つづ》けると、近い将来《しょうらい》なくなってしまう。燃焼《ねんしょう》させると、二酸化炭素《にさんかたんそ》が発生する。

環境《かんきょう》

人間や生物を取り囲《かこ》んで、たがいに関係《かんけい》しあっている、まわりの世界、状況《じょうきょう》。「環境《かんきょう》にやさしい」とは、環境《かんきょう》に負担《ふたん》をかけない、環境《かんきょう》を悪化させない行為《こうい》、方法。

気候変動《きこうへんどう》

世界各地《かくち》で起きる気温や降水量《こうすいりょう》、天候《てんこう》の変化《へんか》。人間の活動の結果《けっか》として起きる、地球温暖化《おんだんか》を指す場合が多い。

下水処理場《しょりじょう》

下水道の汚《よご》れた水をきれいにして、川や海に放流する施設《しせつ》。急な大雨のときには、処理《しょり》をしないで、そのまま川や海に流すこともある。

公害《こうがい》

人間の活動によって、有害《ゆうがい》な物質《ぶっしつ》が環境《かんきょう》に入りこみ、動植物や人間に害《がい》をあたえること。

合成繊維《せんい》

綿《めん》やウールなどの天然繊維《せんい》に対し、石油などを原料として化学的に合成して作られる繊維《せんい》。ポリエステル、アクリル、ナイロンなどがある。合成繊維《せんい》は、繊維状《せんいじょう》のプラスチックで、洗濯《せんたく》したときに出る糸くずはマイクロプラスチックとなり、下水に流れこんで、海や川を汚染《おせん》することが問題となっている。

細菌《さいきん》(バクテリア)

食べ物や土の中、ヒトの体内など、地球上のあらゆる場所に存在《そんざい》する微生物《びせいぶつ》。

再生可能《さいせいかのう》エネルギー

使ってもなくならない自然《しぜん》の力を利用《りよう》したエネルギーで、風力・水力・太陽光・地熱などがある。自然《しぜん》エネルギーともいう。地球温暖化《おんだんか》の原因《げんいん》となる二酸化炭素《にさんかたんそ》を出さないため、温暖化対策《おんだんかたいさく》として注目されている。

紫外線《しがいせん》

太陽の光をプリズムに通して分けたとき、紫色《むらさきいろ》の外側《そとがわ》にある、目に見えない光線。人や動物が長時間あびると、皮膚《ひふ》に害《がい》がおよぶことがある。

資源《しげん》

自然界に存在《そんざい》する、人間の生活や産業《さんぎょう》の役に立つもの。たとえば、水、木材、鉱《こう》石《せき》、化石燃料《ねんりょう》など。

自然保護《ほご》

環境《かんきょう》や動植物を大切に保護《ほご》すること。

省《しょう》エネ

省《しょう》エネルギーの略《りゃく》。エネルギーを節約《せつやく》すること。むだなエネルギーを使わない方法(たとえば、不要《ふよう》な明かりを消す)と、少ないエネルギーで同じ効果《こうか》を得《え》る方法(たとえば、断熱材《だんねつざい》を使う)がある。

焼却《しょうきゃく》

廃棄物《はいきぶつ》などを燃《も》やすこと。温室効果《こうか》ガスである二酸化炭素《にさんかたんそ》を排出《はいしゅつ》する。発生する熱で発電もできるが、ダイオキシンなど有害物質《ぶっしつ》を排出《はいしゅつ》する可能性《かのうせい》もある。

浸出水《しんしゅつすい》

埋立処分場《うめたてしょぶんじょう》のゴミのなかなどを通り抜《ぬ》けるときに、その成分を吸収《きゅうしゅう》した汚水《おすい》。有害物質《ぶっしつ》がふくまれる場合が多い。

生態系《せいたいけい》

ある地域《ちいき》や環境《かんきょう》にくらす生き物が、たがいに関係して生きていること。たとえば、「食べる」「食べられる」という食物連鎖《れんさ》のつながりがある、など。

生物多様性《たようせい》

生態系《せいたいけい》や地球全体に、さまざまな種類の動物や植物が存在《そんざい》すること。

絶滅《ぜつめつ》

動物や植物の種《しゅ》が、完全に死に絶《た》えてしまうこと。これまでに確認《かくにん》された絶滅種《ぜつめつしゅ》は約 800 種。その多くが人類の影響《えいきょう》によるものと見られている。

地球温暖化《おんだんか》

世界の平均《へいきん》気温が上昇《じょうしょう》すること。人間の活動で、大気中の二酸化炭素《にさんかたんそ》などの温室効果《こうか》ガスが増《ふ》えたのが原因《げんいん》といわれる。

電気・電子機器廃棄物《はいきぶつ》

パソコンやタブレットといった、電子製《せい》品《ひん》・電気製品《せいひん》の廃棄物《はいきぶつ》のこと。金などの高価な金属《きんぞく》をふくむことが多いので、それらをきちんと回収《かいしゅう》する必要《ひつよう》がある。

熱帯雨林《ねったいうりん》

赤道付近にある高温多雨の地域《ちいき》に見られる森林。地球上の生物種《せいぶつしゅ》の約半数が生息しているといわれ、豊《ゆた》かな生態系《せいたいけい》が存在《そんざい》する「種《しゅ》の宝庫《ほうこ》」。熱帯雨林の減少《げんしょう》は、地球全体の環境《かんきょう》に悪影響《あくえいきょう》をあたえると心配されている。

微生物《びせいぶつ》

顕微鏡《けんびきょう》でなければ見えないような小さな生物のこと。

氷河《ひょうが》

高山などの万年雪が凍結《とうけつ》して氷の川となり、陸の上をゆっくりと低い方へ流れるもの。地球温暖化《おんだんか》で氷の量《りょう》が減《へ》っている。

分解《ぶんかい》する（腐敗《ふはい》する）

死んだ動物や植物などの有機物が、微生《びせい》物《ぶつ》の力で無機物にまで細かく分かれること。

PET（ペット）

ＰＥＴは、ポリエステルの一種、ポリエチレンテレフタレートの英語の頭文字をとったもの。石油からつくられるプラスチックだ。ＰＥＴは、繊維状《せんいじょう》にして衣類の布地《ぬのじ》に使用したり、フィルム状《じょう》にして食品を包んだり、飲料容器《ようき》（ＰＥＴボトル）などに加工される。

保存料《ほぞんりょう》

食品が変質《へんしつ》したり、腐《くさ》ったりするのを防《ふせ》ぐために加える物質《ぶっしつ》。

マイクロプラスチック

プラスチックゴミが砕《くだ》けて、直径５mm以下の小さなかけらになったもの。川や海などの環境《かんきょう》に存在《そんざい》し、海洋生物の体内に入り、さらにそれが人間の体内に入るなど、その悪影響《あくえいきょう》が問題になっている。

レアアース

強力磁石《じしゃく》に使うネオジムなど 17 種類の希土類元素《きどるいげんそ》のこと。素材《そざい》に加えることで、性質《せいしつ》や性能《せいのう》を大きく変化・向上できることがある。

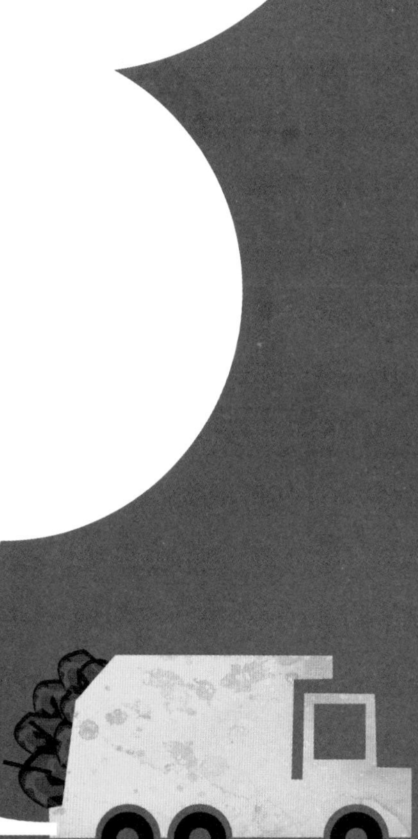

さくいん

ア行

カ行

サ行

タ行

ナ行

ハ行

マ行

ヤ行

ラ行

Acknowledgements

DK would like to thank the following:

Caroline Hunt for proofreading; Hilary Bird for indexing; Abigail Luscombe and Seeta Parmar for editorial assistance; Sadie Thomas, Xiao Lin, Bettina Myklebust Stovne, Rachael Parfitt Hunt, and Anna Lubecka for the illustrations; Neeraj Bhatia, Mrinmoy Mazumdar, and Sahni Seepiya for hi-res assistance.

References:

pp40-41: Eunomia Research & Consulting and the European Environmental Bureau **pp48-49:** © FAO 2018, SAVE FOOD: Global Initiative on Food Loss and Waste Reduction, http://www.fao.org/save-food/en/, 2018

The publisher would like to thank the following for their kind permission to reproduce their photographs:

(Key: a-above; b-below/bottom; c-centre; f-far; l-left; r-right; t-top)

2-3 iStockphoto.com: Worradirek (Background). **2 Dreamstime.com:** Romikmk (bl); Alfio Scisetti / Scisettialfio (cl, br). **3 123RF.com:** Roman Samokhin (bc, tr). **Dorling Kindersley:** Quinn Glass, Britvic, Fentimans (cr). **Dreamstime.com:** Aperturesound (tl). **4-5 iStockphoto.com:** Stellalevi (Background). **6 Getty Images:** Peter Macdiarmid (cl). **7 123RF.com:** photobalance (br). **8 123RF.com:** sauletas (cr). **8-9 iStockphoto.com:** Stellalevi (Background). **9 iStockphoto.com:** Dhoxax (crb); pigphoto (cb). **10-11 iStockphoto.com:** Stellalevi (Background). **11 Dreamstime.com:** Songquan Deng (bl). **12 Dreamstime.com:** Torsakarin (cl). **13 Depositphotos Inc:** urfingus (c). **Dreamstime.com:** Razvan Ionut Dragomirescu (crb); Photka (tc). **14-15 iStockphoto.com:** Stellalevi (Background). **14 123RF.com:** Eric Isselee / isselee (br). **15 Getty Images:** Mamunur Rashid / NurPhoto (bl). **NASA:** Goddard Scientific Visualization Studio (cr, fcr). **16-17 iStockphoto.com:** Stellalevi (Background). **16 Dreamstime.com:** Dolphfyn (bl); Andrey Gudkov (br). **iStockphoto.com:** Bogdanhoria (t). **17 iStockphoto.com:** Yotrak (t). **18-19 Dreamstime.com:** Stockbymh (t). **18 Fotolia:** Eric Isselee (crb). **iStockphoto.com:** Stellalevi (t/Background). **19 123RF.com:** Sergey Krasnoshchokov / most66 (br). **Alamy Stock Photo:** Avalon / Photoshot License (cr); Hemis (tr). **Dreamstime.com:** Johannes Gerhardus Swanepoel (c). **iStockphoto.com:** Alasdair Sargent (cl). **20 Dreamstime.com:** Artjazz (br); Nostal6ie (tr). **21 123RF.com:** Johann Ragnarsson (cl); Valery Shanin (bl); Nerthuz (br, fbr). **Dreamstime.com:** Delstudio (cla). **22 iStockphoto.com:** Kenneth Taylor (br); Wysiati (crb). **23 Alamy Stock Photo:** Arcaid Images (clb); James Davies (bl). **24 123RF.com:** Roman Samokhin (cb); Anton Starikov (crb). **Dorling Kindersley:** Quinn Glass, Britvic, Fentimans (cb/Glass bottle). **Dreamstime.com:** Aperturesound (fcra); Dmitry Rukhlenko (cra); Romikmk (clb). **25 123RF.com:** photobalance (fclb); Anton Starikov (cb). **Dreamstime.com:** Alfio Scisetti / Scisettialfio (clb). **26 Dreamstime.com:** Rangizzz (clb). **26-27 Dreamstime.com:** Maria Luisa Lopez Estivill (b). **27 Dreamstime.com:** Ilfede (crb); Ulrich Mueller (cra); Vchalup (cr); Huguette Roe (clb). **28-29 Getty Images:** Santirta Martendano / AFP. **29 Getty Images:** David Rubinger / The LIFE Images Collection (tr); PhotoStock-Israel (crb). **30 Dreamstime.com:** Alfio Scisetti / Scisettialfio (br). **31 123RF.com:** Aleksey Poprugin (tc, fcr); Roman Samokhin (cra). **Dreamstime.com:** Alfio Scisetti / Scisettialfio (t, fbr). **32 Dorling Kindersley:** Museum of Design in Plastics, Bournemouth Arts University, UK (cb). **Dreamstime.com:** Alfio Scisetti / Scisettialfio (ca). **iStockphoto.com:** MentalArt (cl); t3000 (cla). **33 123RF.com:** Monica Boorboor / honjune (br). **Dorling Kindersley:** Museum of Design in Plastics, Bournemouth Arts University, UK (cb). **Dreamstime.com:** Jo Ann Snover / Jsnover (ca). **iStockphoto.com:** likstudio (crb); Yurdakul (tr). **34-35 123RF.com:** Roman Samokhin (ca). **34 123RF.com:** Aleksey Poprugin (cr). **Dorling Kindersley:** Quinn Glass, Britvic, Fentimans (ca). **Dreamstime.com:** Alfio Scisetti / Scisettialfio (cra). **35 123RF.com:** Aleksey Poprugin (clb); Roman Samokhin (c/Can). **Alamy Stock Photo:** Paulo Oliveira (crb). **Dorling Kindersley:** Quinn Glass, Britvic, Fentimans (c, clb/Bottle). **Dreamstime.com:** Alfio Scisetti / Scisettialfio (ca). **iStockphoto.com:** CasarsaGuru (cl). **36 Alamy Stock Photo:** ZUMA Press, Inc. (bc). **Dreamstime.com:** Arun Bhargava (br). **iStockphoto.com:** kali9 (cr); SolStock (cl). **36-37 Dreamstime.com:** Jetanat Chermchitrphong (Background). **37 Dreamstime.com:** Katie Nesling (cl). **iStockphoto.com:** vgajic (cb). **The Ocean Cleanup:** (cla, ca). **38-39 iStockphoto.com:** Stellalevi (Background). **38 123RF.com:** Aleksey Poprugin (cr). **40-41 iStockphoto.com:** Stellalevi (Background). **40 123RF.com:** Anton Starikov (c). **Dreamstime.com:** (cb/Boxes); Alfio Scisetti / Scisettialfio (ca); Stocksolutions (cra). **iStockphoto.com:** dejanj01 (b); grimgram (cb). **41 Dreamstime.com:** Alfio Scisetti / Scisettialfio (cl). **42 123RF.com:** jemastock (c). **Dreamstime.com:** Alfio Scisetti / Scisettialfio (clb); Tom Wang (cb). **43 Dreamstime.com:** Igor Zakharevich (tc). **44 Dreamstime.com:** Winai Tepsuttinun (tl). **Getty Images:** Norberto Duarte / AFP. **45 Alam Stock Photo:** Everett Collection Inc (b). **46 123RF.com:** cobalt (cb); szefei (cb/Forest). **Dreamstime.com:** Jf123 (crb); Nerthuz (clb); Liouthe (cb/Camera); Nikolai Sorokin (fcrb). **47 123RF.com:** Anton Burakov (cra/Plastic case); Sergey Sikharulidze (clb/Ebook); scanrail (c). **Alamy Stock Photo:** Africa Media Online (br). **Dorling Kindersley:** RGB Research Limited (cra). **Dreamstime.com:** Andrey Popov (clb); Wissanustock (cla). **48 Dreamstime.com:** Lunamarina (cr). **iStockphoto.com:** Coprid (cl). **49 123RF.com:** Monica Boorboor / honjune (cr); **Евгений Косцов** (br). **Dreamstime.com:** Lunamarina (ca); Alexander Pladdet / Pincare (fcra, c, cb). **iStockphoto.com:** Coprid (cb/Dairy box); Stellalevi (Background). **50 Dreamstime.com:** Varnavaphoto (cl, c). **51 Dreamstime.com:** Steven Cukrov / Scukrov (b **52-53 iStockphoto.com:** Pterwort. **52 123RF.com:** Pumidol Leelerdsakulvong (bc). **53 123RF.com:** Eric Isselee / isselee (tr). **Alamy Stock Photo:** Cultura Creative (RF) (cl). **Dreamstime.com:** Supertrooper (cr). **iStockphoto.com:** Androsov (br); YinYang (tl). **54-55 123RF.com:** andreykuzmin (bc). **iStockphoto.com:** Stellalevi (Background). **55 Dreamstime.com:** Neal Cooper / Cooper5022 (bc); Josefkubes (cla); Theo Malings (br). **56 123RF.com:** Kirill Kirsanov (cla). **Dreamstime.com:** Buriy (ca); Lightzoom (fcla); Tat'yana Mazitova (fcra); Alexander Levchenko (cra); Photka (bc/Sand); Anton Starikov (bc/Metal nut); Cherezoff (br). **Fotolia:** Vadim Yerofeyev (bc). **57 123RF.com:** Kanlaya Chantrakool (ca/Rice grains); shaffandi (ca); imagemax (ca/Apple). **Dreamstime.com:** Henrik Dolle (fcrb); Rsooll (c Sarah Marchant (clb); Alexander Pladdet / Pincarel (c); Yury Shirokov / Yuris (c/Batteries); Sinish Karich (crb). **58 123RF.com:** Igor Zakharevich (ca). **Dreamstime.com:** Denys Kovtun (bc); Yulia Gapeenko / Yganko (cb); Tetiana Zbrodko (cra). **59 123RF.com:** mawielobob (cla); pixelrobot (ca); Vitalii Tiahunov (bc). **Dreamstime.com:** Ruslan Gilmanshin (ca/Pink tshirt); Milos Tasic / Tale (cra, crb). **60-61 iStockphoto.com:** johan63; Stellalevi (Background). **61 NASA:** (br); NASA's Eyes on the Earth 3D (cra). **62 123RF.com:** Boris Stromar / astrobobo (t Aleksey Poprugin (cr); Yotrak Butda (bc). **Dorling Kindersley:** Jerry Young (fcrb, crb). **Dreamstime.com:** Steve Mann (clb); Alfio Scisetti / Scisettialfio (tr/Bottles); Onyxprj (cra). **62-63 Dreamstime.com:** Onyxprj (c/Bottles); Alfio Scisetti / Scisettialfio (c). **64-65 iStockphoto.com:** Stellalevi (Background). **66-67 iStockphoto.com:** Stellalevi (Background). **68-69 iStockphoto.com:** Stellalevi (Background). **70 123RF.com:** Aleksey Poprugin (fbr/Bag); Roman Samokhin (fbr). **Dorling Kindersley:** Quinn Glass, Britvic, Fentimans (br). **Dreamstime.com:** Alfio Scisetti / Scisettialfio (fbl). **71 123RF.com:** Roma Samokhin (crb). **Dorling Kindersley:** Quinn Glass, Britvic, Fentimans (bc). **Dreamstime.cor** Alfio Scisetti / Scisettialfio (bl)

Cover images: Front: **123RF.com:** Aleksey Poprugin bc, Roman Samokhin clb; **Dorling Kindersley:** Quinn Glass, Britvic, Fentimans bl; **Dreamstime.com:** Penchan Pumila / Gamja cla, cb, Alfio Scisetti / Scisettialfio (Bottles); Back: **123RF.com:** Aleksey Poprugin bl, Roman Samokhin clb, cr; **Dorling Kindersley:** Quinn Glass, Britvic, Fentimans clb/ (Glass bottle); **Dreamstime.com:** Alfio Scisetti / Scisettialfio (Bottles)